让棒针编织更好玩

奇妙的棒针编织

Wonder Knitting

日本宝库社　编著

冯　莹　译

河南科学技术出版社

·郑州·

目录

奇妙的棒针编织·图案

虽然看起来是与众不同的织片，实际上都是使用棒针编织的基础方法组合编织而成的。
下面向大家介绍这些不可思议的编织花样。仅看符号图而不易理解的技巧，请参照要点教程。

※ 样片与作品使用的颜色有时不同
※ 为了让编织方法中的要点教程更加简单明了，作品整体的针数、行数以及花样数都有调整。实际编织时，请参照作品的编织符号图（注：符号图也称为图解）

Bubble Stitch

气泡针

每6行编织拉针，这是一种可以将织片变得凸起的编织花样。
让拉针的间隔和行的高度一致，是制作出圆球形状的关键。

作品 ► p.6、7

样片

图解

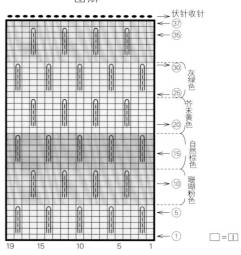

要点教程

1

使用指定颜色的线编织6行。换另一种颜色的线，编织1针下针，将针插入第2针的第2行的针目（★）中。

2

拆开其上面4行的针目。将挂在右棒针上的针目移至左棒针上。

3

编织1针下针。

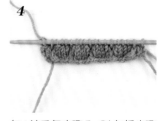

4

每4针重复步骤1~3（包括步骤1最初的1针下针），编织至行末。接下来，都是将针插入各种颜色第2行的指定位置，使用同样的方法编织。

Herringbone Stitch

鱼骨针（人字纹编织）

编织2针并1针，但只退下1针，没退下的1针和新针目再编织2针并1针，以此重复。

V字形的连续花样，2行为1个花样。让织片变厚也是它的特点。

编织下针时的入针方法、编织上针时的挂线方法，虽然与平常的方法不同，

但却更便于编织，编织的速度也更快。

作品 ► p.8、9

样片

图解

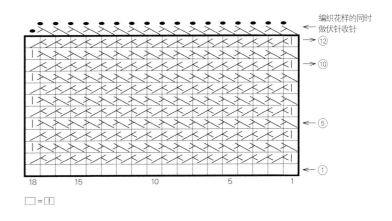

编织花样的同时
← 做伏针收针

□ = Ⅰ

18　　15　　　10　　　5　　　1

要点教程

1

第2行按照编织上针的2针并1针的方法入针，将线拉出。

2

将线拉出后的样子。

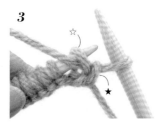

3

仅退下左棒针上的第1针（★）。

4

接下来，将未退的1针与下一针编织上针的2针并1针。重复步骤**1~3**至行末。

5

最后一针编织普通的上针。

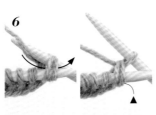

6

第3行按照下针的2针并1针的方法编织，但入针时要按照扭针的方法入针，将线拉出。

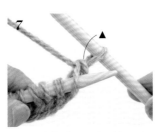

7

仅退下左棒针上的第1针（▲）。

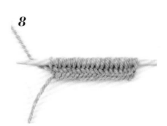

8

接下来，将未退下的1针与下一针编织下针的2针并1针。重复步骤**6、7**至行末。最后一针编织下针的扭针。

A

4色条纹花样的
暖水袋罩

为了让圆圆的气泡花样更加显眼，编织时每6行换一次配色。
为了让暖水袋放进来更方便，袋口设计成了罗纹针。

设计 菅野直美 / 使用线 和麻纳卡Amerry
制作方法 ► p.50

B

凸起的气泡+小绒球
茶壶罩

像帽子一样的茶壶罩
使用了以蓝色为主色的北欧流行配色。
立体的花样让保温性能超群。
大大的装饰绒球使作品更漂亮。

设计 菅野直美 / 使用线 和麻纳卡Amerry
制作方法 ▶ p.52

C
漂亮的V字形连续花样
折边帽子

这是一款由两种花样组合成的圆顶状帽子。
起主角作用的鱼骨针
让折边部分成为帽子的亮点。

设计 今村曜子
使用线 和麻纳卡Aran Tweed
制作方法 ▶ p.54

D
机理感极强又有厚度的织片
手拿包

十分吸引人的鱼骨针，
特别适合编织密实的手拿包。
作品只需将方形的织片折两折即可，
而且也不需要里布。

设计 今村曜子
使用线 和麻纳卡 Men's Club Master
制作方法 ► p.55

Cockleshell Stitch

海扇壳针

将使用挂针制作出来的如绕线编般感觉的针目，做15针并1针就变成了海扇壳花样。

由于织片会自然地形成波浪状，通过配色来突出线条的变化将会非常漂亮。

作品 ▶ p.12、13

样片

图解

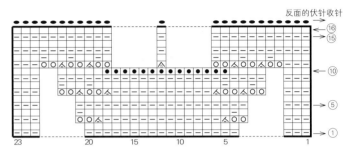

□ = ☐ ☒ = 将把前一行的挂针退下后而延长的14针与接下来的1针做15针并1针

● = ○○Ⅰ = 下针、挂针、挂针
在下一行将挂针退下，变为较长的1针

☒ = 从反面编织时为 ☒

要点教程

※为了让大家更容易明白，在15针并1针的位置(☐●14次+1针上针)处别上了记号别针

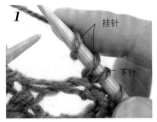

1
按照符号图编织至第10行第7针后，编织1针下针、2针挂针(●)。

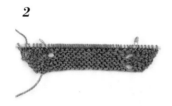

2
重复以上操作14次，剩余的针目编织下针。

3
第11行编织至15针并1针的位置后，第1针不编织，直接移至右棒针上。

4
从左棒针上退下接下来的2针挂针。

5
步骤 **3**、**4** 共重复14次，最后滑过记号别针前的1针，让所有针目的高度一致。

6
将记号别针之前的15针移回左棒针，右棒针按照箭头的方向入针，编织15针并1针。

7
这是15针并1针编织完成后的状态。2个记号别针之间变成了1针。

8
继续按照符号图编织。

Linen Stitch

亚麻布纹针

重复在织片的前面渡线、将针目滑过的浮针就会变成如同针织布的织片。
如果选用比适合编织线的针号粗2号的针，编织完成后的织片将更加平整、漂亮。

作品 ► p.14、15

样片

图解

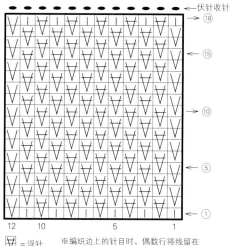

←伏针收针

☑ = 浮针

☑ = 滑针

※编织边上的针目时，偶数行将线留在
织片后、奇数行将线留在织片前，编
织滑针。

要点教程

1

起针，第2行将线留在织片后，
第1针做滑针。

2

第2针编织上针。

3
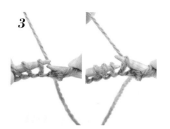
第3针将线留在织片后，做滑
针。

4

重复步骤**2**、**3**，编织至最后。

5

第3行将线留在织片前，第1针
做滑针。

6

第2针编织下针。

7

第3针将线留在织片前，做滑
针。

8
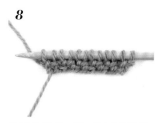
重复步骤**6**、**7**，编织至最后。
重复编织这两行至指定的行数。

11

作品是4种颜色的重复，
并且与挂针的镂空花样组合在一起。

深绿色的
有古典风韵的假领。

E

每行替换颜色

短款脖套

这是一款不断重复海扇壳花样的作品，
编织成宽幅的话就会变成缓缓的波浪形织片。
使用多种颜色编织出来的条纹花样，十分有趣。

设计 西村知子

使用线 芭贝Shetland

制作方法 ► p.56

F

利用边缘的弧线

假领

这是利用波浪形的边缘做成的假领。
只需要重复编织一个花样若干次即可。
配合衣服的颜色，多编织几个备用，将非常方便。

设计 西村知子

使用线 芭贝British Eroika

制作方法 ► p.58

G

用圈圈毛线编织苏格兰花呢风的
单肩包

每2行换一次线的颜色，
充分展现了圈圈毛线的编织特点。
两侧的英式罗纹针让包包的容量更大。
不仅可手拎，还能背在肩上，是一款使用非常
方便的包包。

设计 濑端靖子
使用线 和麻纳卡 Of Course! Big、Sonomono Loop
制作方法 ► p.60

反面是凹凸不平的桂花针织片

H

两面的花样都很有趣的
长围脖

亚麻布纹针是两面都可用的十分便利的织片。
使用极粗线更能清楚地展现出正反两面花样的不同，
围上围脖时，不经意露出的反面
也很有韵味。

设计 濑端靖子 / 使用线 和麻纳卡Doux!
制作方法 ► p.59

绕线编的白桦编织

将绕线编做交叉是一种能简单地做出白桦编织的方法。
将需要交叉的针目移至U形的麻花针上备用，不但针目不会掉，编织起来也更方便。

作品▶ p.18、19

样片　　　　　　　　　　　　　　　　　　　　图解

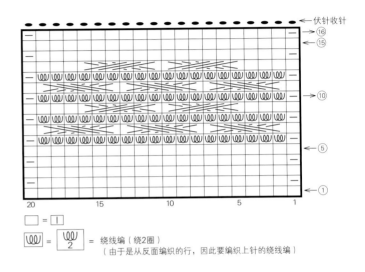

←伏针收针

□ = |

= 绕线编（绕2圈）
（由于是从反面编织的行，因此要编织上针的绕线编）

要点教程

1 按照符号图编织5行。第6行的第1针编织1针下针，第2针将右棒针按照织上针的入针方式插入，绕2圈线。

2 直接将线拉出，针目移至右棒针上。上针的2卷绕线编编织完成。

3 继续编织上针的2卷绕线编，最后编织1针下针。

4 第7行编织1针下针，随后拆开前一行的3针绕线编，移至麻花针上，留在织片前备用，拆开接下来的3针，编织下针。

5 将在步骤4中留在织片前的3针编织下针。完成了1个交叉。

6 重复步骤4、5（不包含步骤4中的第1针下针），再交叉2次，最后编织1针下针。

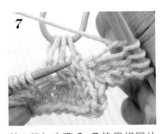

7 第8行与步骤1~3使用相同的方法编织。第9行编织1针下针，拆开3针绕线编编织下针，再拆开接下来的3针绕线编，移至麻花针上，留在织片后备用。

8 拆开再接下来的3针绕线编编织下针，在步骤7中留在织片后的3针编织下针。编织出了与步骤4、5错开半个花样的交叉。就像这样，每次错开半个花样，编织下去。

Smocking Stitch
缩褶编织

交错地编织向右拉的盖针，就会变成犹如缩褶绣一样的织片了。
将盖针之间夹着的针目编织扭针，能使针目的凹凸感更明显。

作品 ▶ p.20、21

样片

图解

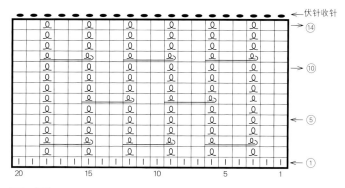

← 伏针收针

□ = ─

‖ ₒ ‖ ‖ ‖ ₒ‖ = ‖ ₒ ─ ─ ₒ ‖ 拉出的盖针

※ 从反面编织的行（偶数行）编织上针的扭针

要点教程

1
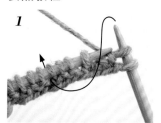
按照符号图，编织2行。第3行编织2针上针，按照箭头的方向，将右棒针插入前面第4针与第5针之间。

2

在针上挂线后拉出。

3

将线拉出后的状态。

4

用左手指捏住拉出的针目，退下右棒针，按照箭头的方向插入左棒针。

5

在针上挂线后拉出，拉出的针目与左棒针上的第1针一起编织扭针。

6

接下的3针，分别编织2针上针、1针扭针。向右拉出的盖针（4针的情况）编织完成。

7

再重复2次，编织向右拉出的盖针（4针的情况），最后编织2针上针。

8

接下来在符号图的指定位置编织向右拉出的盖针（4针的情况）。

1

更加厚实的交叉花样
长围巾

使用轻柔的马海毛线
编织出如篮子编织般的交叉花样。
两端的起伏针
一定不能编织得过紧，
这样交叉花样才能既蓬松又漂亮。

设计 风工房
使用线 芭贝 Julika Mohair
制作方法 ▶ p.64

b

a

J

使用捻度松的线更能突出凹凸感

发带

发带的织片通常都是平平的，此款发带因交叉花样的凹凸对比而极具存在感。

发带的后部是罗纹针编织，因此戴在头上的松紧度也更合适。

短时间内就能完成，也是令人开心的一点。

设计 风工房 / 使用线 DARUMA Soft Tam

制作方法 ▶ p.63

K

使用极粗线编织会更显眼
手提包

使用极粗线做缩褶编织，形成很深的阴影，令花样更具立体感。
这是一款值得推荐的、厚实紧密的手编提包。花样是向右拉出的盖针，
将拉出的针目拉得短一些、均匀一些，会非常漂亮。

设计 SAICHIKA / 使用线 DARUMA #0.5 WOOL

制作方法 ▶ p.66

L
纤细的花样成为亮点
A字形长裙

这是一款在腰部加入了缩褶花样的
A字形长裙。
犹如打褶一般的花样
让整体的线条更加随身。
腰部可以通过细绳来调节松紧。

设计 SAICHIKA　Making 田泽育子
使用线 DARUMA Merino Style 中粗
制作方法 ▶ p.68

Leaf Stitch

树叶针

这是用3卷拉针编织出来的树叶花样。
左、右拉针编织在同一个针目里，由此形成了V字形的双叶形状。

作品 ▶ p.24、25

样片

图解

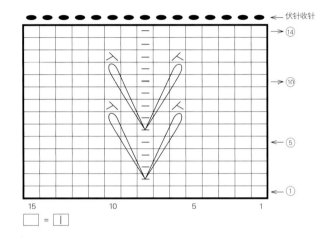

要点教程 ──────────────

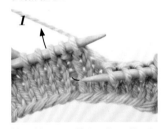

按照符号图，编织6行。第7行
编织6针下针，将右棒针插入第
2行第8针的上针处。

在针上绕3圈线。

将针拉出（3卷拉针）。

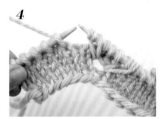

继续编织1针下针、1针上针、1
针下针，与步骤**1~3**相同，再
编织1针3卷拉针。

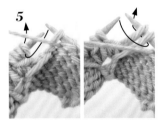

编织完第8行的第5针上针后，
将线留在织片前，将针从前面插
入第6针，将该针目移至右棒针
上。拆开第7针的拉针，也移至
右棒针上。按照箭头方向入针，
将2针移回左棒针。

移回来的2针一起编织上针。

编织1针上针、1针下针、1针上
针，拆开接下来的拉针，再与接
下来的上针一起编织上针。

编织至第8行的最后，这是翻回
正面后的状态。拉出的针目，呈
现出了V字形树叶花样。

作品中的2针并1针

由于作品中是环形编
织，步骤**5~7**中的
2针并1针应编织下
针。注意拉出的针目
应该在上边。

加长十字针

这是将绕线编的线盖住后制作出来的饱满的十字形的花样。
与p.16的拉针的交叉花样相比，又是不同的感觉。

作品 ► p.26、27

样片

图解

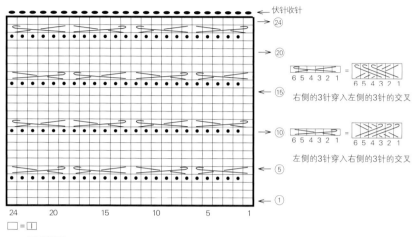

← 伏针收针
→ ㉔
→ ⑳

= 右侧的3针穿入左侧的3针的交叉
6 5 4 3 2 1 = 6 5 4 3 2 1
← ⑮
→ ⑩
= 左侧的3针穿入右侧的3针的交叉
6 5 4 3 2 1 = 6 5 4 3 2 1
← ⑤
→ ①

24 20 15 10 5 1

□ = 平针

●〔 = | ○ ○ = 在反面的行编织上针、挂针、挂针，在下一行，将挂针从针
上退下，将刚刚编织的针目拉长，变成较长的1针

要点教程

1 按照符号图编织3行。第4行编织1针上针，在右棒针上绕2圈线。

2 重复步骤**1**，最后编织1针上针。

3 第5行，第1针不编织，直接移至右棒针上（不改变针目的方向）。

4 拆开绕在左棒针上的线。

5 重复步骤**3**、**4**，共拆出6针。

6 将左棒针插入挂在右棒针上的第1~3针中，挑起并盖住第4~6针，第1~3针与第4~6针保持着交叉的状态，一并移回左棒针。

7 移回的6针编织下针。

8 接下来的6针与步骤**3~5**相同，将拉长了的6针移至左棒针上，使用第4~6针盖住第1~3针，保持交叉的状态，编织6针下针。在符号图的指定位置上重复以上步骤。

将纵向排列的花样作为亮点，十分可爱。

M

手背上的亮点
半指手套

使用柔软的人造丝线
环形编织了这款半指手套。
在手背上排列的两列树叶花样，
是简约又看不腻的设计。

设计 风工房
使用线 和麻纳卡 Sonomono Alpaca Lily
制作方法 ▶ p.69

N

排布了一圈的花样
编织帽

用蓝色线编织并不是那么甜美的树叶花样，
制作出了中性风的感觉。
在下针编织的基础上
适当地排布了编织花样。
将3卷拉针的线拆开后，
帽子上呈现的花样看起来就像两片大大的树叶。

设计 风工房
使用线 DARUMA Geek
制作方法 ▶ p.70

O
长长的交叉更有韵味
宽围脖

加长十字针编织会自然而然地呈现立体感。
使用单色线编织，织片更能显现出花样的阴影。
这款围脖是将长方形的织片缝合成环形。
围脖虽简单，但织片的质感则很突出。

设计 菅野直美 / 使用线 芭贝Alpaca Colca
制作方法 ▶ p.72

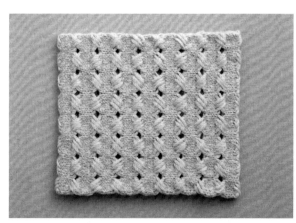

使用粗线编织的加长十字针营造了
恰如其分的镂空和极具魅力的立体感。

P
增加针数变成宽幅的
毛毯

将作品 *O* 的宽围脖的针数增加，就变成了实用的毛毯。
编织起点和编织终点做双罗纹针编织。
由于是较大的作品，所以选择了比较轻的幼羊驼毛线。

设计 菅野直美 / 使用线 芭贝 Alpaca Mollis
制作方法 ► p.74

Entrelac

白桦编织

一块一块地编织矩形，形成犹如
篮子一般的花样。像披肩那样，需要逐渐扩大时，
使用环形针编织会更方便。

作品 ▶ p.32

样片

图解

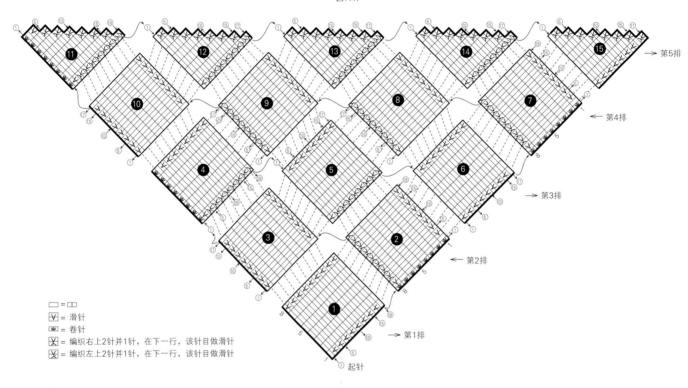

⑪ ⑫ ⑬ ⑭ ⑮

⑩ ⑨ ⑧ ⑦ ←第5排

④ ⑤ ⑥ ←第4排

③ ② ←第3排

① ←第2排

←第1排

□ = 口口
Ⅴ = 滑针
Ⅴ = 卷针
Ⅴ = 编织右上2针并1针，在下一行，该针目做滑针
Ⅴ = 编织左上2针并1针，在下一行，该针目做滑针

起针

要点教程

※ 每个矩形称之为"块"，块编织完成后称之为"排"，在块内标示了针数与行数
※ 步骤 **7**、**13**、**18**、**19**，为了让大家看清楚，改变了一部分线的颜色

第1排

1

手指挂线起针，起8针，每行编
织起点的针目都做滑针，编织
18行。块❶编织完成。

第2排

2

块❷，首先卷针起针起8针，到
第3行为止，按照符号图编织。

3

6针
滑针

第4行边上的针目做滑针，编织
6针下针。

4

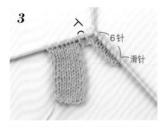

第8针与边上的块❶的第1针做
右上2针并1针。

28

5

使用同样的方法，编织至第18行。块❷编织完成。

6

块❸从块❶的行（步骤*5*的★）的边上的滑针开始挑取针目编织（挑取边上的2根线）。

7

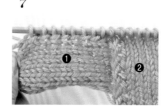

共挑取8针。

8

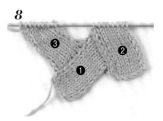

按照符号图，编织17行。块❸编织完成。

第3排

9

块❹卷针起针起8针，到第3行为止，按照符号图编织。

10

第4行的最后的针目与相邻的块❸的第1针编织上针的左上2针并1针。

11

上针的左上2针并1针编织完成（这一针从正面看，就和符号图一样，是右上2针并1针）。

12

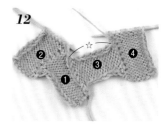

使用同样的方法，编织18行。块❹编织完成。

从正面入针

13

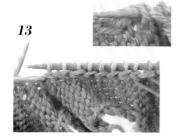

块❺从块❸的行（步骤*12*的☆）上挑取针目。看着织片的反面，从边上的滑针的正面入针，挑取8针。

14

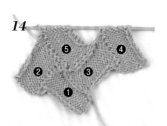

将块❷的最后一行的针目与边上的针目编织2针并1针的同时，编织17行。块❺编织完成，块❻从❷的行上挑取针目，编织17行。

第4排

15

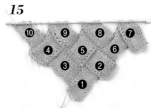

块❼~❿与第2排使用同样的方法编织。

第5排

16

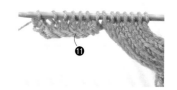

块⓫卷针起针起8针，第5行的左端2针编织左上2针并1针（减1针）。随后，在奇数行的边上一边减针一边编织出三角形的块。

17

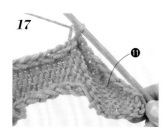

块⓫编织完成。

18

块⓬从块❿的行上挑取针目，挑取8针。

19

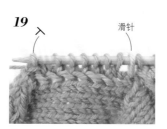

第2行，第1针做滑针，编织6针下针，最后一针与块⓫的最后的针目做右上2针并1针。

20

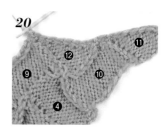

使用同样的方法，一边减针一边编织17行。块⓬编织完成。剩余的块也使用同样的方法编织成三角形的块。

多米诺编织

排列着如同多米诺骨牌游戏的骨牌形状的织片，就是多米诺编织。

起针为奇数针，编织起伏针的同时，在中间做3针并1针，就可以制作出正方形的花片。

可以改变花片本身的配色，亦可以改变排列的顺序，设计的变化可谓无穷无尽。

作品 ▶ p.33

样片

图解

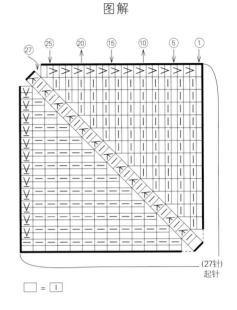

(27针)
起针

□ = ☐

要点教程

1

编织起点是一边编织一边起针。先把第1针挂在针上（参照p.89手指起针的步骤**1~6**，插入环中的针仅为1根）。

2

像编织下针一样，插入右棒针，挂线后拉出。按照箭头的方向，将左棒针从下面插入拉出的线环中。

3

插入左棒针后的状态。退下右棒针。

4

将针目拉紧。第2针完成。

※这种起针方法叫作"一边编织一边起针"。

5

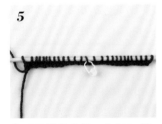

使用同样的方法，共起27针。第2行编织下针，只有最后一针编织上针。第2行编织完成后的状态。

※为了让大家看清楚，在中间的针目上别上了记号别针。

6

第3行（奇数行）第1针做滑针，中间编织右上3针并1针，随后编织下针。最后一针总是编织上针。

7

第4行第1针做滑针，继续编织下针，最后一针编织上针。第5行与第3行使用同样的方法编织。重复步骤**6**、**7**，到第27行为止。

8

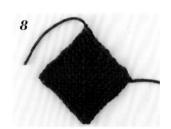

编织至第27行停止。将线穿入最后的针目中，收紧。

【花片的编织和连接方法】

在第2片以后，花片的编织和连接方法共有3种。Ⓐ先从相邻的花片的针目上挑取针目，再起针；Ⓑ起针后再从相邻的花片上挑取针目；Ⓒ从3个花片上挑取针目。无论哪一种情况，重点都是要让中间3针并1针的位置一致。下面就以第2~4片花片的编织和连接方法为例进行解说。

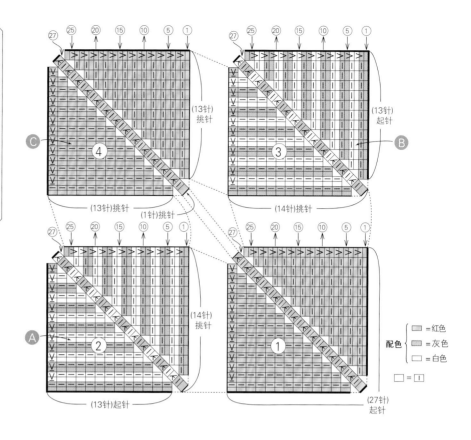

配色 {
□ =红色
▨ =灰色
□ =白色
}

□ = Ⅰ

Ⓐ第2片的编织和连接方法

1

13针　14针

从第1片花片的边上挑14针，接下来使用一边编织一边起针的方法起13针。针上共有27针。

2

一边换配色线一边编织，这是编织了3行后的状态（花片的编织方法与第1片相同）。

3

这是第2片编织连接后的状态。
※为了让大家看清楚，已经藏好了线头。

Ⓑ第3片的编织和连接方法

4

14针　13针

使用一边编织一边起针的方法起13针后，从第1片花片的边上挑14针。针上共有27针。

5

一边换配色线一边编织27行（花片的编织方法与第1片相同）。这是第3片编织完并连接后的样子。

Ⓒ第4片的编织和连接方法

6

13针　1针　13针

第3片
第2片　第1片

第4片，从第3片花片的边上挑取13针、从第1片花片的转角处挑取1针、从第2片花片的边上挑取13针进行编织。

在织片的角上系上流苏。
增加点分量
能让披肩更服帖。

Q

用无须配色的段染线编织
三角形披肩

从三角形的顶点开始编织，
在享受着段染线逐渐展现的颜色的乐趣同时
披肩也渐渐变大。
只要记住了基本的编织方法，
不看符号图也能接连不断地完成编织。

设计 齐藤理子 / 使用线 内藤商事Elsa
制作方法 ▶ p.76

R

北欧风时尚配色

盖毯

基本花片只有一个。
排列的规则是将花片中间的减针线条
斜向地连在一起。
选择自己喜欢的颜色，编织出个性十足的盖毯吧。

设计 齐藤理子 / 使用线 芭贝Queen Anny

制作方法 ▶ p.78

Two-color Daisy Stitch
双色雏菊针

将5针2卷绕线编在下一行，做一次减针、加针，
即可制作出如同漩涡的花朵花样。看起来是很复杂，实际上只需要2根棒针就能完成。

作品 ▶ p.36、37

样片

图解

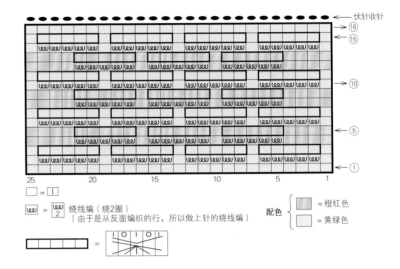

←伏针收针
← ⑯
← ⑮
← ⑩
← ⑤
← ①

25　　　20　　　15　　　10　　　5　　　1

□ = □

回 = 绕线编（绕2圈）
（由于是从反面编织的行，所以做上针的绕线编）

配色 { ▨ = 橙红色
　　　 { ▨ = 黄绿色

■ = ╳

要点教程

1

使用黄绿色线起25针。第2行
第1针编织上针。

2

第2针如编织上针一样入针。

3

在针上绕2圈线后拉出。

4

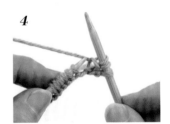

拉出后的状态。上针的2卷绕
线编编织完成。

5

使用同样的方法，共编织5针2
卷绕线编。

6

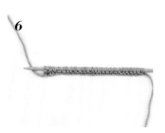

接下来重复1针上针、5针上针
的2卷绕线编，最后一针编织上
针。第2行编织完成。

7

第3行第1针编织下针。

8

第2针，按照编织下针的入针方
法，将右棒针插入前一行的绕
线编中。

34

9

直接将针目移至右棒针上，拆开在左棒针上绕的2圈线。

10

使用同样的方法，将前一行的5针绕线编移至右棒针上。

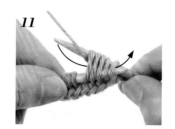

11

将左棒针插入步骤**10**的5针中，在右棒针上挂线后拉出。

12

将线拉出后的状态。此时，左棒针保持原样不动。

13

在右棒针上挂线后，再次按照箭头的方向入针。

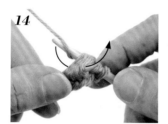

14

挂线后拉出。

15

将线拉出后的状态。

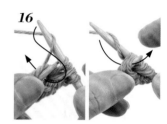

16

再一次，在右棒针上挂线后，将针插入同一个地方，挂线后拉出。

17

将线拉出后的状态。

18

从左棒针上退下针目。1针下针、1针挂针、1针下针、1针挂针、1针下针（★）编织完成。

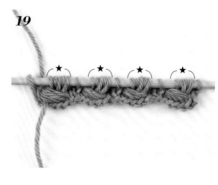

19

使用同样的方法，编织1针下针、★，最后一针编织下针。第3行编织完成。

20

第4行，换为橙红色线，编织4针上针。

21

接下来编织5针上针的2卷绕线编。

22

重复1针上针、5针上针的2卷绕线编，最后的4针编织上针。第4行编织完成。

23

第5行，在前一行的绕线编的位置编织★。第5行编织完成。接下来按照符号图和配色，在换配色线的同时，编织出指定的行数。

S
充满了女人味的浅色
头巾

绕一下、挂一下、拆一下、织一下。
将多种编织方法运用在一起而成的
雏菊针。
朴素的苏格兰花呢线呈现了自然的感觉。

设计 今村曜子 / 使用线 和麻纳卡 Aran Tweed
制作方法 ► **p.73**

T

鲜艳的红配绿，大俗即大雅
小包

每两行，使用充满活力的两种颜色交替编织，
构成了好玩又有活力的织片。
后片编织完成后，从底部的起针开始，再编织出前片。
纽扣是钩针的产物。

设计 今村曜子 / 使用线 和麻纳卡 Exceed Wool L(中粗)
制作方法 ▶ p.80

Little Cockleshell Stitch
拉针的贝壳花样

通过挂针加针、拉针制作出纵向的线条。在拉针的中间
编织了上针，所以花样更加立体。拉针使用拆开已编织的针目的方法而成。

作品 ▶ **p.40**

样片

图解

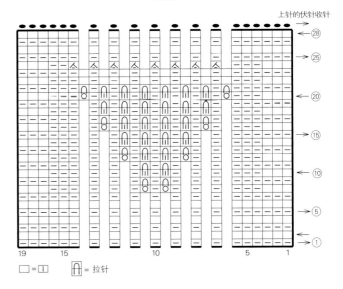

上针的伏针收针

28
25
20
15
10
5
1

19　15　　　　10　　　　5　　1

□=□　　□= 拉针

要点教程

1

到第9行为止，按照符号图编织。

2

到第10行的第9针为止按照符号图编织。第10针，将针插入第8行的挂针中。

3

退下

在针上挂线后拉出，将挂在左棒针上的1针退下（编织下针）。这叫拉针（1行：拆开已编织的针目的方法）。

4

编织1针上针，下一针也按照步骤**2**、**3**编织，将针插入第8行的挂针中编织下针。

5

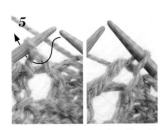

到第12行的第10针为止按照符号图编织。第11针，按照箭头的方向将针插入第10行的针目中，挂线后拉出（编织下针）。拉针（1行）编织完成。

6

编织1针上针，下一针与第11针使用同样的方法编织。

7

到第23行为止，在指定的位置编织拉针（1行）的同时，按照符号图编织。

8

第24行，在指定的位置编织上针的左上2针并1针，减掉通过挂针加出的针数。

Pleated Garter Stitch

起褶编织

基本上是2种颜色的配色花样。为了让织片起褶，
故意将反面的横向渡线拉得紧一些。用单色线编织时，用2根相同颜色的线用同样的方法编织。

作品 ► p.41

样片	图解

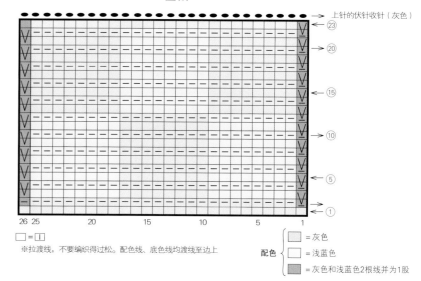

□ = □ 下针

※拉渡线，不要编织得过松。配色线、底色线均渡线至边上

配色 { ■ = 灰色
□ = 浅蓝色
■ = 灰色和浅蓝色2根线并为1股 }

要点教程

※解说时底色线为灰色，配色线为浅蓝色

1

使用灰色线起26针，这是编织完2行后的样子。先在浅蓝色线上打一个结，挂在针上。

※因为要将线拉紧，所以将配色线的编织起点固定一下，编织起来更方便

2

第3行的第1针，2种颜色一起做滑针。

3

使用浅蓝色线编织8针。

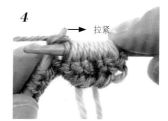

4

→ 拉紧

为了将针目之间的间隙拉紧，一边拉紧浅蓝色线，一边用灰色线编织下针。

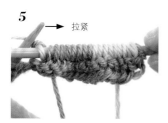

5

→ 拉紧

用灰色线编织7针下针，接下来为了将针目之间的间隙拉紧，一边拉紧浅蓝色线，一边编织下针。

6

使用同样的方法，用浅蓝色线编织7针下针，最后2种颜色一起编织下针。第3行编织完成。

7

从反面编织的行，第1针也做滑针，在拉紧渡线的同时，编织至第12行。

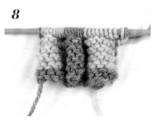

8

第12行编织完成后，这是将织片翻回至正面的样子。织片已经起褶。替换配色，也使用同样的方法编织。

U

以上针为基础，花样更立体
带纽扣的围巾

错开拉针编织的位置
可以编织出倒三角形的贝壳花样。
为了使织片不卷边
边缘编织了起伏针。

设计 西村知子 / 使用线 和麻纳卡 Sonomono Alpaca Wool（中粗）
制作方法 ▶ p.82

在脖子上绕一圈再系上纽扣
也很漂亮。

起褶编织是往返编织，
接下来的双罗纹针是环形编织。

V

将小方格花样折叠起来
保暖靴套

因起褶的织片和反面的渡线的双重加厚效果
使这款靴套的保暖性能超群。
穿着时，将双罗纹针
折向内侧即可。

设计 西村知子 / 使用线 芭贝Princess Anny
制作方法 ► p.84

Double Knitting

双面编织

这是在织片的两面能做出相同的配色花样的编织方法。用两种颜色的线编织，配色在正反两面恰好相反。

由于是在同一行中，将两面的织片一起编织，因此起针的数量应为符号图的两倍。

在此编织方法中，记住了2针对应符号图的1个格（正面1针、反面1针），将更好理解。

作品 ► p.46

样片

〔正面〕　　　　　　　　　　　　　　　〔反面〕

图解

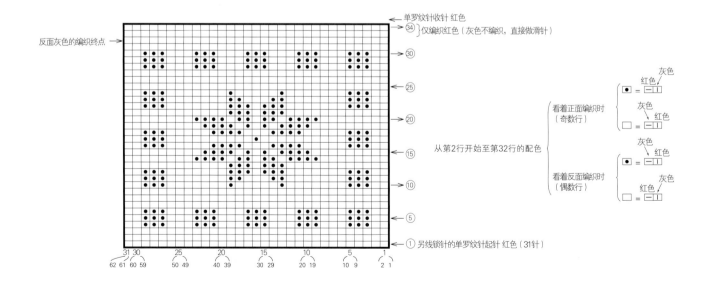

要点教程

※解说时底色线为红色，配色线为灰色（作品中使用的是白色线）

第1行

1

使用比较顺滑的另线钩织出所需数量的锁针（样片为31针），一边挑取锁针的里山，一边使用红色线编织31针（使用比编织主体粗2号的针）。

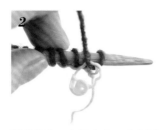

2

翻转织片，在线上穿一个记号别针备用。

3

第2行编织上针。

4

翻转织片，第3行编织下针。这是第3行编织完成后的状态。

第2行 看着反面编织

5

翻转织片，将挂着记号别针的针目拉起，挂到棒针上。

6

这是挂到棒针上后的状态。

7

换为编织主体的棒针（细2个号的棒针），第1针使用灰色线编织下针。

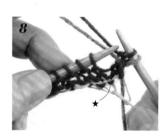

8

拿线时，要保持灰色线在靠近织片的一侧，第2针使用红色线编织上针。

9

第3针，使用右棒针挑起第1行的下半针（步骤*8*中的★），挂在左棒针上。

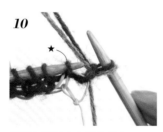

10

挂到左棒针上之后的状态。

11

挂在左棒针上的针目使用灰色线编织下针。

12

重复步骤*8*~*11*继续编织，最后的针目使用红色线编织上针。第2行编织完成。总针数变为了62针。

第3行 看着正面编织

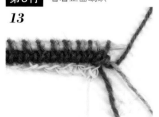

13

翻转织片，将线交叉。

14

第1针使用红色线编织下针，第2针使用灰色线编织上针。

15

重复步骤*14*编织至最后。第3行编织完成。

16

拆开另线锁针。

第4行 看着反面编织（符号图中的 □ 为灰色/ ⊡ 为红色）

17

18

19

第5、6针与前一行的配色相反。

第4行最初的4针，重复2次使用灰色线编织1针下针、使用红色线编织1针上针。

随后，编织花样部分。首先，第5针使用红色线编织下针。

第6针使用灰色线编织上针。

20

21

22

第7~10针与步骤 **18**、**19** 使用同样的方法编织。

接下来的6针，重复3次使用灰色线编织1针下针、使用红色线编织1针上针。

随后重复步骤 **18~21** 继续编织。最后的4针与步骤 **17** 使用同样的方法编织。

第5行 看着正面编织（符号图中的 □ 为红色/ ⊡ 为灰色）

23

24

25

第5行最初的4针，重复2次使用红色线编织1针下针、使用灰色线编织1针上针。

接下来的6针，重复3次使用灰色线编织1针下针、使用红色线编织1针上针。

再接下来的6针，重复3次使用红色线编织1针下针、使用灰色线编织1针上针。

第4行和第5行介绍的是同样的花样在正、反面的编织操作。作为编织方法的参考，请对比着看。

26

27

28

重复步骤 **24**、**25** 继续编织。最后的4针与步骤 **23** 使用同样的方法编织。

第6行与第4行使用同样的方法编织。第3~6行的双面的格子花样编织完成。

使用与第4行和第5行分别在正、反面做的相同的编织方法，根据花样改变配色，编织至第32行为止。

44

编织终点 仅编织红色线（灰色线不编织，直接做滑针）

29
第33行使用红色线编织下针。

30
灰色的针目做滑针。

31
使用同样的方法编织至最后。

32
下一行，灰色线做滑针，红色线编织上针。

33
编织至最后的状态。编织终点的线约留出织片宽的3.5倍的长度后剪断。

34
从侧面看，正面较长。

最后2行灰色的针目做滑针，使反面的高度不增加。正面保持多编织了2行的状态，做单罗纹针收针后，会与编织起点一样，呈现出漂亮的效果。

收针方法 单罗纹针收针（最后是1针下针、1针上针结束的情况）

35
将步骤**33**中的线头穿入毛线缝针，做单罗纹针收针。倒数第3针从织片后入针，再从最后一针的前面入针。

36
直接将毛线缝针拉出。

37
接下来从红色针目的前面入针，将针目从左棒针上退下。随后从最后一针的后面入针、前面出针，直接将毛线缝针拉出。

38
将线拉出后的状态。剩余的线约留15cm后剪断，藏好线头。

───── 编织方法的变化 ─────

【将方格花样变为上针试试吧】

为了让作品的编织方法更易理解，双面均为下针编织的织片。习惯后，可以尝试将外圈的方格花样变为上针，将产生蓬松的立体感。此时，在3行的方格花样中，第2、3行变为编织上针。

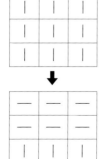

W

使用反差较大的两种颜色
双色毛毯

这是一款很有人气的红白配色的毛毯。
交替织入了基础款花片的雪花花样和花朵花样的配色编织。
完成后，将会有两层织片的厚度。
若选用略细的线，则能编织出柔软温暖的毛毯。

设计 横山加代美 / 使用线 DARUMA Shetland Wool
制作方法 ▶ p.86

按照编织单罗纹针的方法,使用两种颜色的线编织完成。
反面的花样与正面的颜色正好相反。
在替换花样的颜色时,线很容易松,编织时要注意。

将p.42的样片使用红色+原白色编织出来了。
还可以尝试变化为蓝白配色、黑白配色等。
样片很适合当作迷你隔热垫来使用。

本书作品使用的线材

分别使用材质、形状不同的线，给织片带来不同的韵味吧。

※图片为实物粗细。

芭贝

1 Alpaca Mollis
在幼羊驼毛线的基础上卷上了圈圈毛线的极粗线。
1团40g（约58m），全6色。

2 Shetland
100%英国羊毛线。用来编织底色花样、配色花样均可以。
1团40g（约90m），全35色。

3 Alpaca Colca
100%幼羊驼毛的带子纱状的中粗线。
1团50g（约90m），全3色。

4 Princess Anny
100%美丽诺的防缩羊毛粗线。
1团40g（约112m），全35色。

5 Julika Mohair
超级小马海毛线，又轻又柔。
1团40g（约102m），全12色。

6 Queen Anny
拥有丰富的颜色变化、极具魅力的平直毛线。
1团50g（约97m），全55色。

7 British Eroika
由多种颜色仔细地混纺在一起的混色线。
1团50g（约83m），全35色。

DARUMA

8 Geek
芯线与周围颜色不同的带子纱状的变化的线。
1团30g（约70m），全5色。

9 # 0.5 WOOL
将多根起毛线组合在一起的超粗0.5支线。
1桄80g（约42m），全5色。

10 Merino Style 中粗
100%澳大利亚美丽诺羊毛的基础款线。
1团40g（约88m），全18色。

11 Soft Tam
通过抓挠处理让圈圈毛线的绒毛都立起来的柔软的线材。
1团30g（约58m），全15色。

12 Shetland Wool
以光泽度为特点的100%设兰群岛羊毛线。
1团50g（约136m），全11色。

和麻纳卡

13 Amerry
具有超群的弹性和保暖性的线。
1团40g（约110m），全50色。

14 Men's Club Master
从小物件到毛衣，适用范围极广的极粗毛线。
1团50g（约75m），全29色。

15 Exceed Wool L（中粗）
100%超细美丽诺羊毛线，颜色丰富。
1团40g（约80m），全40色。

16 Sonomono Loop
以柔软的线圈为特点的花式毛线。
1团40g（约38m），全3色。

17 Sonomono Alpaca Lily
制作成了混色感觉的带子纱状的线。
1团40g（约120m），全5色。

18 Of Course! Big
以轻便和手感好为魅力的超粗毛线。
1团50g（约44m），全20色。

19 Sonomono Alpaca Wool（中粗）
适用性极广的柔软的平直毛线。
1团40g（约92m），全5色。

20 Aran Tweed
有大大的棉结、十分可爱又质朴的苏格兰花呢线。
1团40g（约82m），全15色。

21 Doux!
用毛条染色、超粗的粗纱毛线。
1桄100g（约48m），全12色。

内藤商事

22 Elsa
非常漂亮的意大利的独特段染链条线。
1团50g（约125m），全10色。

制作方法

编织的手劲儿因人而异。参考作品的尺寸和编织密度，再结合自己的手劲儿，
可以对针号或线的使用量进行适当的调整。
还可参考p.4~47介绍的每个作品的花样特征以及编织方法的要点教程。

※除指定以外，图中数字的单位为厘米（cm）
※基础编织方法，参照从p.89开始的技巧介绍
※使用的线、使用的颜色可能会有绝版的情况
※环形编织的作品可以使用4根针、5根针，或者用环形针
另外，较宽的作品、针数较多的作品，使用环形针将会更加方便。

A

暖水袋罩

p.6

材料和工具

和麻纳卡Amerry灰绿色(37)45g, 芥末黄色(3)、
自然棕色(23)各20g, 珊瑚粉色(27)15g

棒针6号、5号

编织密度

10cm×10cm面积内：条纹花样16.5针，38行

成品尺寸

宽22cm，深25cm(不包括袋口)

编织要点

- 另线锁针起针，起72针，连接成环形，参照图示，在替换不同颜色的线的同时，编织96行条纹花样。
- 接下来编织袋口的双罗纹针，在第1行做减针。编织终点做伏针收针。
- 拆开底部的锁针起针，反面相对对齐，使用钩针做引拔接合。

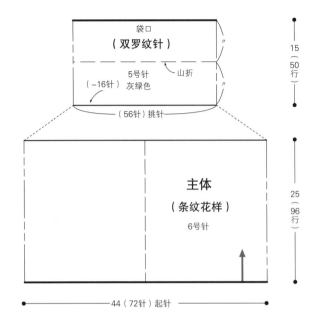

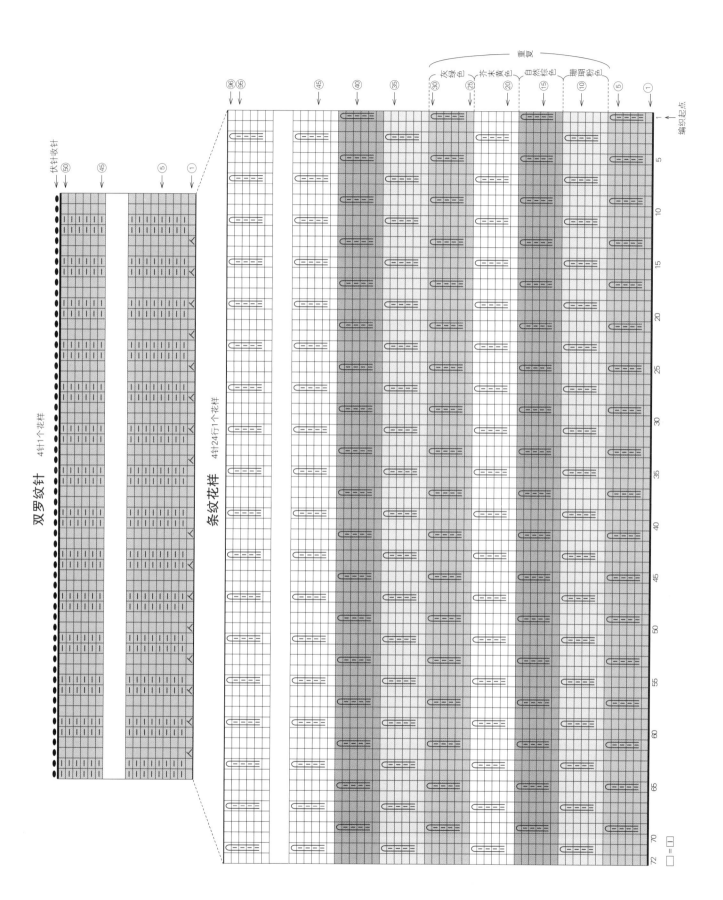

双罗纹针 4针1个花样

伏针收针

条纹花样 4针24行1个花样

重复

灰绿色
芥末黄色
自然棕色
珊瑚粉色

编织起点

□ = □

51

B

茶壶罩
p.7

材料和工具
和麻纳卡Amerry自然棕色（23）25g，中国蓝色（29）、灰色（22）各10g
棒针6号、5号

编织密度
10cm×10cm面积内：条纹花样16.5针，38行

成品尺寸
宽17cm，深15.5cm

编织要点
- 手指起针，起64针，连接成环形后，编织单罗纹针。
- 接下来在第1行一边减针，一边编织5行条纹花样。
- 将针目分成两组，在边上卷针加1针，做成29针。分别往返编织条纹花样33行。
- 参照图示，在减2针的同时，挑起全部的针目，环形编织条纹花样。在最后的2行做分散减针，将线穿入剩余的14针中后，收紧。
- 制作小绒球，缝合固定。

主体

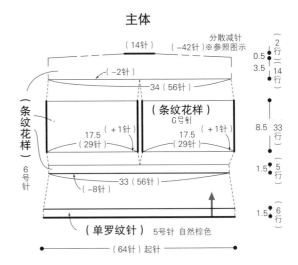

（14针）　　　　　　分散减针
（−42针）※参照图示

（−2针）

34（56针）

（条纹花样）
6号针

17.5（+1针）　　17.5（+1针）
（29针）　　　　（29针）

33（56针）
（−8针）

（单罗纹针）　5号针　自然棕色

（64针）起针

2行　0.5
3.5　14行

8.5　33行

1.5　5行

1.5　6行

（条纹花样）
6号针

小绒球的制作方法
自然棕色

9cm

硬纸板　　绕140圈

将中间系紧，
将两端剪断后
整理好形状

8

组合方法

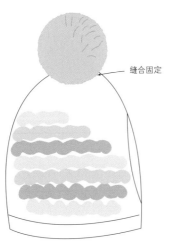

缝合固定

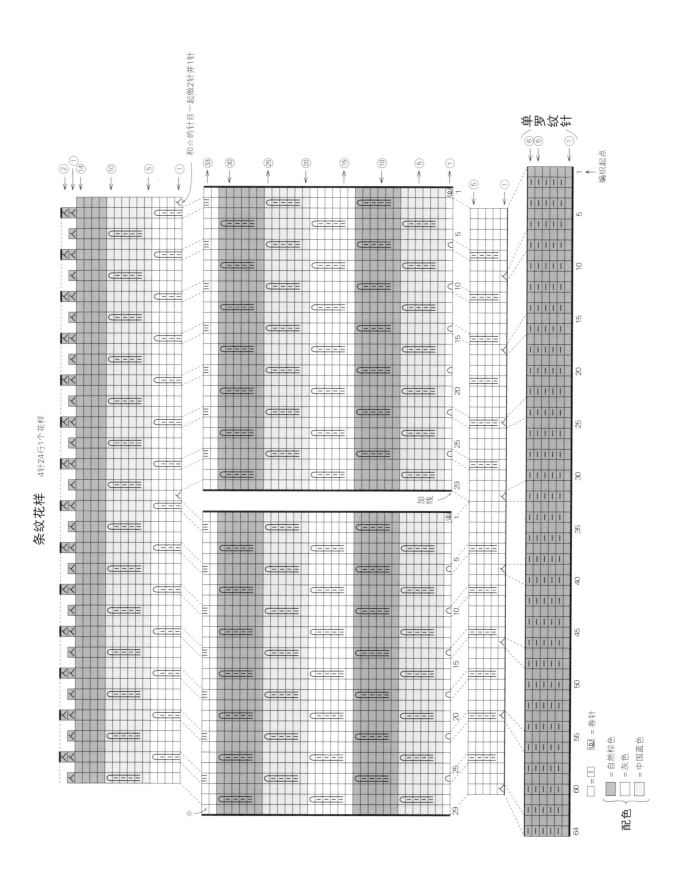

条纹花样　4针24行1个花样

配色
　　　　　　=□　◙=卷针
　　　■ =自然棕色
　　　□ =灰色
　　　▨ =中国蓝色

单罗纹针

编织起点

加线

和☆的针目一起做2针并1针

53

C

折边帽子

p.8

材料和工具

和麻纳卡 Aran Tweed 粉色系（5）85g

棒针 13 号、8 号

编织密度

10cm×10cm 面积内：编织花样 A 23 针，18.5
行；编织花样 B 21.5 针，22 行

成品尺寸

头围 56cm，帽深 19cm

编织要点

● 帽口手指起针，起 128 针，编织 13 行编织
花样 A，编织终点休针。侧边使用毛线缝
针做卷针缝缝合，连接成环形。

● 主体看着帽口反面，挑取 120 针，参照图
示，做分散减针的同时环形编织编织花样
B。

● 将线穿入剩余的 30 针中，收紧。

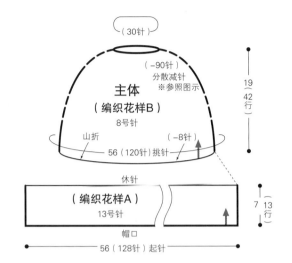

编织花样和分散减针

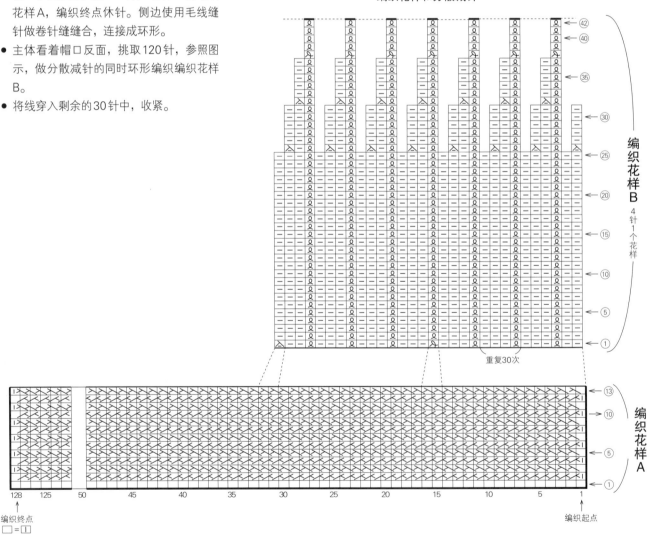

D

手拿包

p.9

材料和工具

和麻纳卡Men's Club Master蓝色(69)105g
棒针14号，钩针7/0号

编织密度

10cm×10cm面积内：编织花样23针，17.5行

成品尺寸

宽25cm，深17cm

编织要点

● 手指起针，起58针，按编织花样编织。编
织终点织2针并1针的同时做伏针收针。

● 在包盖上钩织上纽襻。

● 钩织纽扣，缝合固定。

● 侧边使用毛线缝针做卷针缝缝合。

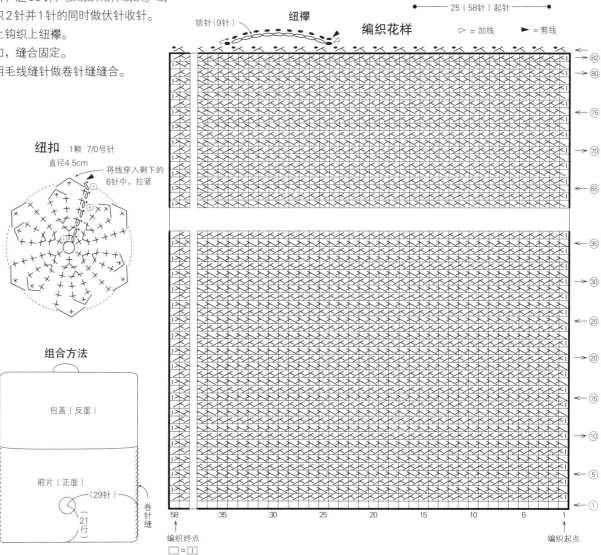

纽襻 7/0号针
※参照图示

包盖

13(22)行

山折

后片
(编织花样)
14号针

17(30)行

包底

前片

17(30)行

47(82)行

25(58针)起针

锁针(9针)　纽襻　　编织花样　　▷ = 加线　　▶ = 剪线

纽扣 1颗 7/0号针
直径4.5cm
将线穿入剩下的6针中，拉紧

组合方法

包盖（反面）

前片（正面）

（29针）

（21行）

卷针缝

编织终点

编织起点

□ = □

55

E

短款脖套

p.13

材料和工具

芭贝Shetland灰紫色(34)、浅灰色(44)各35g,黄绿色(48)25g,胭脂红色(23)10g
棒针6号

编织密度

10cm×10cm面积内:条纹花样18针,24.5行

成品尺寸

颈围64cm,宽30cm

编织要点

● 手指起针,起114针,参照图示,环形编织74行条纹花样。起针的第1行将会变为反面的行,请注意。

● 编织终点在编织上针的同时做伏针收针。

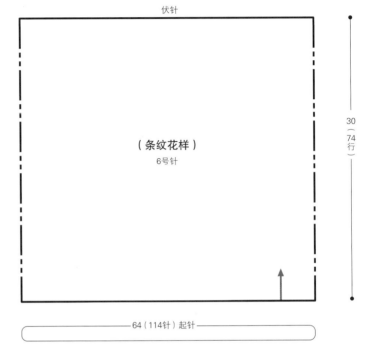

伏针

（条纹花样）

6号针

30（74行）

64（114针）起针

条纹花样

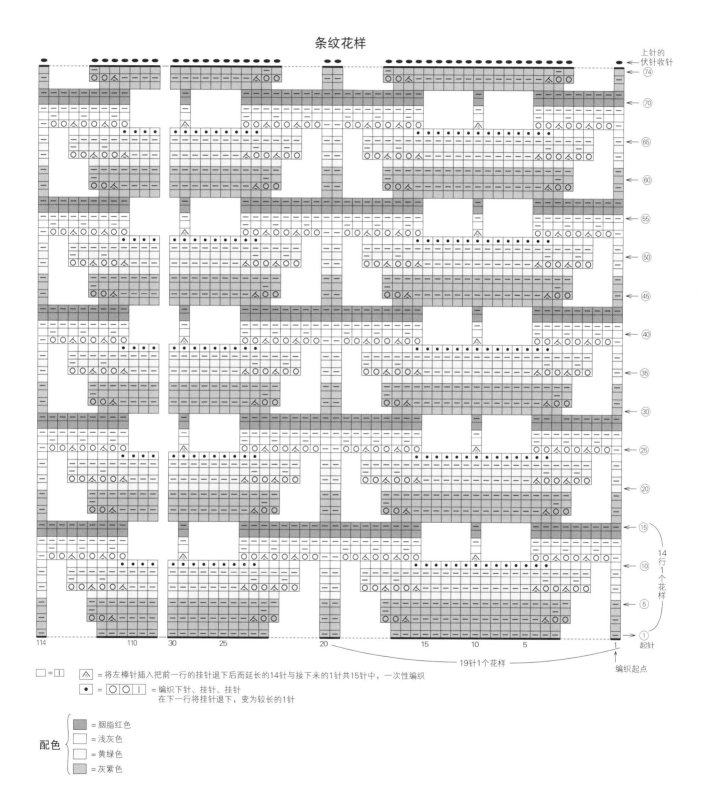

□=[] 　　= 将左棒针插入把前一行的挂针退下后而延长的14针与接下来的1针共15针中，一次性编织

● = ○○I = 编织下针、挂针、挂针
　　　　　　在下一行将挂针退下，变为较长的1针

配色
= 胭脂红色
= 浅灰色
= 黄绿色
= 灰紫色

F

假领

p.13

材料和工具

芭贝British Eroika深绿色（197）40g，直径
25mm的纽扣1颗
棒针8号

编织密度

10cm×10cm面积内：编织花样19针，23行

成品尺寸

宽7cm，假领外围62cm

编织要点

● 手指起针，起118针，编织16行编织花样。
  起针的第1行将会变为反面的行，请注意。

● 在指定的位置制作扣眼，编织终点从反面
  做伏针收针。

● 缝上纽扣后即完成。

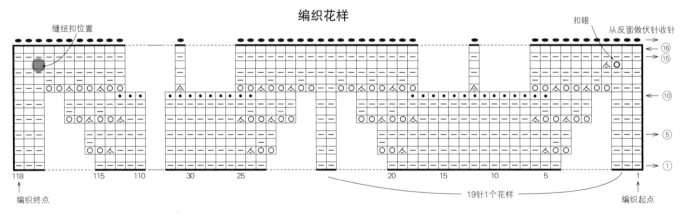

缝纽扣位置

扣眼（1针）

（2针）

7
（16行）

伏针

（编织花样）
8号针

62（118针）起针

编织花样

缝纽扣位置

扣眼

从反面做伏针收针

← ⑯
← ⑮
← ⑩
← ⑤
← ①

118　115　110　　30　25　　　　20　15　10　5　　1

编织终点

19针1个花样

编织起点

□ = 田

人 = 将左棒针插入把前一行的挂针退下后而延长的14针与接下来的1针共15针中，一次性编织

• = 回回田 = 编织下针、挂针、挂针
　　　　　　　在下一行将挂针退下，变为较长的1针

人 = 上针的左上2针并1针，从反面编织时，编织 人 下针的左上2针并1针

58

H
长围脖
p.15

材料和工具

和麻纳卡Doux!芥末黄色(10)180g

棒针20mm，钩针15mm

编织密度

10cm×10cm面积内：编织花样7针，10行

成品尺寸

颈围140cm，宽17cm

编织要点

● 手指起针，起12针，编织140行编织花样。

● 编织终点做伏针收针。此时，不要剪断线，
  备用。

● 将编织起点和编织终点反面相对对齐，从
  伏针收针的锁针状的针目的后面将第140
  行的针目拉出，使用15mm钩针，与起针
  的第1行的针目做引拔接合。

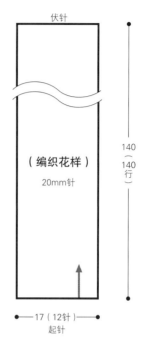

伏针

（编织花样）
20mm针

140
（140
行）

17（12针）
起针

编织花样

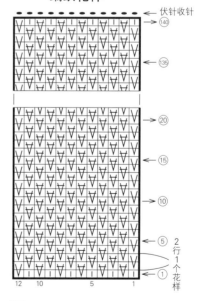

伏针收针

2行1个花样

12 10 5 1

= 浮针

= 滑针

※与起伏针的边针一样，织偶数行时
将线留在织片后，织奇数行时将线
留在织片前，滑过针目

G
单肩包

p.14

材料和工具

和麻纳卡Of Course! Big藏青色(119)120g、和麻纳卡Sonomono Loop原白色(051)45g 70cm×70cm的内袋用布，宽4cm、长28cm的提手用皮革(较薄的皮革)

棒针15号，钩针10/0号

编织密度

10cm×10cm面积内：条纹花样14针，28行

成品尺寸

宽30cm，侧边8cm，包深27cm(不含提手)

编织要点

● 主体手指起针，起39针，参照图示组合编织条纹花样、英式罗纹针、单罗纹针。从包底的中间开始编织，编织10行后，做卷针起针，编织侧片。编织终点休针备用。编织2片相同的织片。

● 使用毛线缝针将侧缝挑针缝合。

● 在主体的指定位置加线，做伏针收针，在休针的针目编织提手。单罗纹针和英式罗纹针参照图示编织，编织终点做伏针收针。另一片也使用同样的方法编织。

● 包底、侧片和提手分别使用钩针引拔接合。

● 制作内袋，缝到主体上。

● 在提手的内侧缝上皮革。

● 组合方法、内袋的制作方法见第62页

主体

15号针　2片

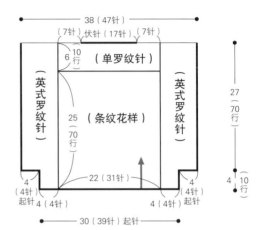

※除指定以外均用藏青色线编织。

提手　15号针　2片

参照图示

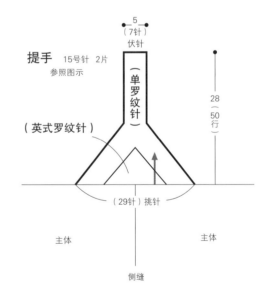

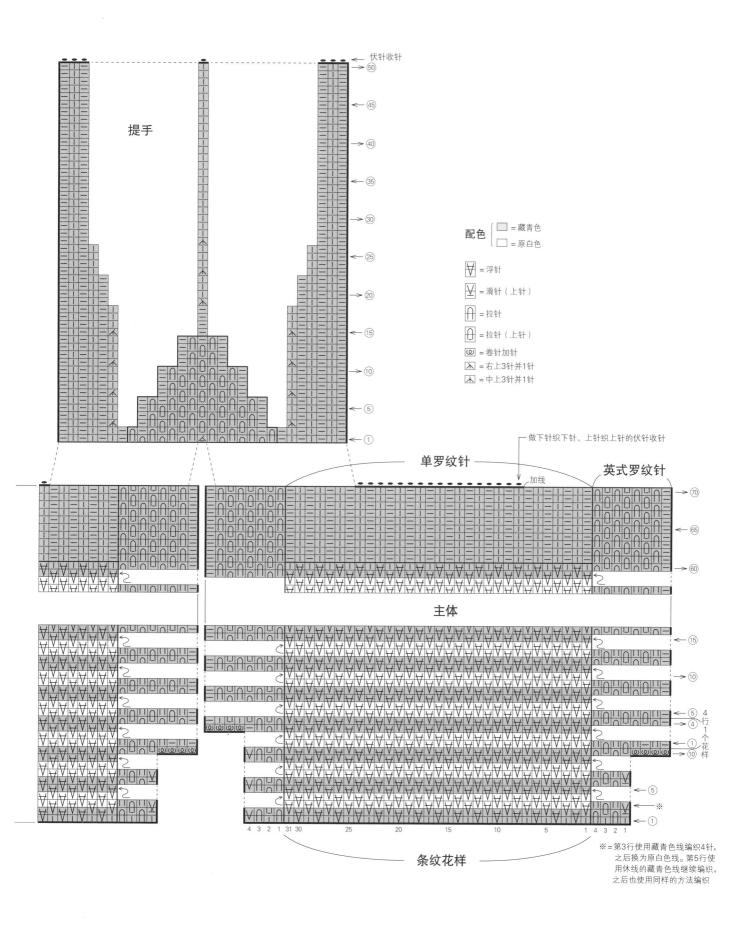

提手

伏针收针
50
45
40
35
30
25
20
15
10
5
1

配色 { = 藏青色
       = 原白色

= 浮针
= 滑针（上针）
= 拉针
= 拉针（上针）
= 卷针加针
= 右上3针并1针
= 中上3针并1针

做下针织下针、上针织上针的伏针收针

单罗纹针   加线   英式罗纹针

主体

70
65
60

15
10
5
4   4
1   行
10   1
     个
5   花
※   样
1

4 3 2 1 31 30   25   20   15   10   5   1 4 3 2 1

条纹花样

※ = 第3行使用藏青色线编织4针，
之后换为原白色线。第5使
用休线的藏青色线继续编织，
之后也使用同样的方法编织

61

●接第61页（作品G）

组合方法

重叠后使用钩针做引拔接合

排针缝合

重叠后使用钩针做引拔接合

内袋的组合方法

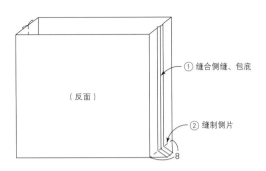

① 缝合侧缝、包底

（反面）

② 缝制侧片

8

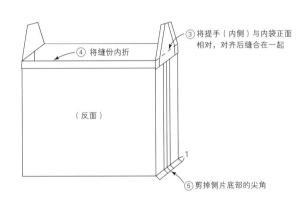

③ 将提手（内侧）与内袋正面相对，对齐后缝合在一起

④ 将缝份内折

（反面）

1

⑤ 剪掉侧片底部的尖角

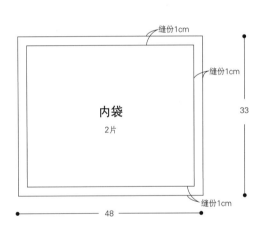

缝份1cm

缝份1cm

内袋
2片

33

缝份1cm

48

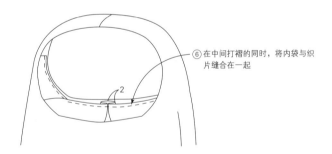

⑥ 在中间打褶的同时，将内袋与织片缝合在一起

2

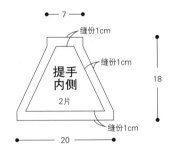

7

缝份1cm

缝份1cm

提手
内侧
2片

18

缝份1cm

20

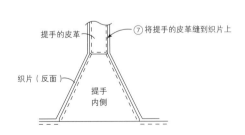

提手的皮革

⑦ 将提手的皮革缝到织片上

织片（反面）

提手
内侧

J
发带
p.19

材料和工具

DARUMA Soft Tam a…白色（1）、b…灰色
（10）各30g

棒针12号、10号

编织密度

10cm×10cm面积内：编织花样23.5针，14行

成品尺寸

头围44cm，宽11cm

编织要点

● 另线锁针起针，起26针，编织49行编织花样。编织花样参照符号图，在从反面编织的行，编织上针的绕线编。再从正面编织的行拆开绕线编，编织3针的交叉。

● 接下来编织变化的罗纹针，其中在第1行减6针。编织终点休针。拆开另线锁针的起针，使用毛线缝针与编织终点做下针编织无缝缝合，连接成环形。

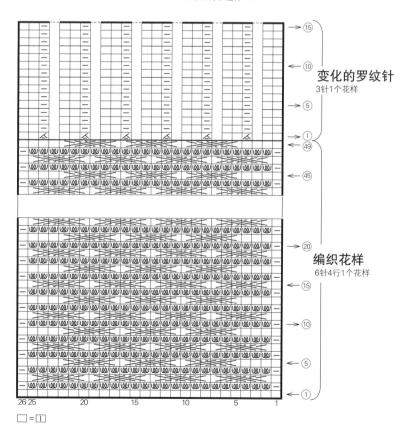

休针

（变化的
罗纹针）
10号针
（20针）
（-6针）

9
(15)
行

（编织花样）
12号针

35
(49)
行

←11（26针）起针→

变化的罗纹针
3针1个花样

编织花样
6针4行1个花样

⑮ ⑩ ⑤ ① （49） （45） ⑳ ⑮ ⑩ ⑤ ①

26 25 20 15 10 5 1

[WW] = [WW/2] = 绕线编（绕2圈）（由于是从反面编织，因此编织上针的绕线编）

[⋌] = 从反面编织时为 [⋋]

□ = [l]

I
长围巾
p.18

材料和工具

芭贝 Julika Mohair 灰紫色（311）160g

棒针10号、12号

编织密度

10cm×10cm面积内：编织花样22针，11.5行

成品尺寸

宽28cm，长154cm

编织要点

- 手指起针，起62针，编织双罗纹针、编织花样。编织花样参照符号图，在从反面编织的行编织上针的绕线编，再从正面编织的行拆开绕线编，编织3针的交叉。
- 编织终点编织4行双罗纹针。编织终点从反面做下针织下针、上针织上针的伏针收针。

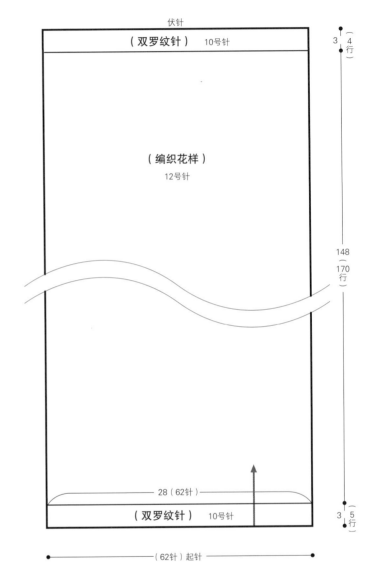

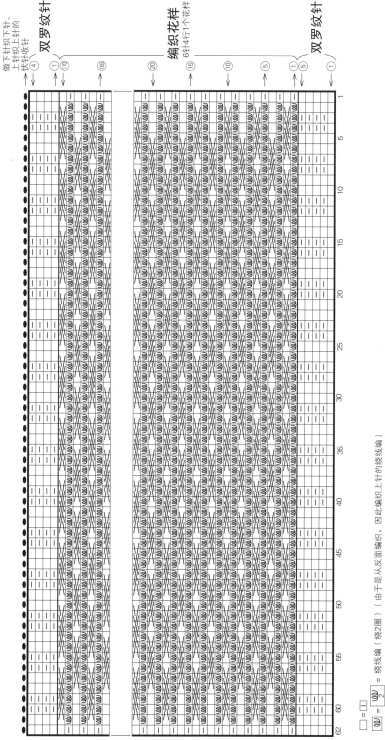

做下针织下针，
上针织上针的
伏针收针
④

双罗纹针

① ⑰⑰ ⑯⑮

编织花样
6针4行1个花样

⑳ ⑮ ⑩ ⑤ ① ⑤

双罗纹针

①

□ = □

⑩ = ⑩⁄₂ = 绕线编（绕2圈）（由于是从反面编织，因此编织上针的绕线编）

65

K
手提包
p.20

材料和工具

DARUMA #0.5 WOOL灰色(2)320g、
56cm×65cm的内袋用布、INAZUMA藤提
手RM-6(4号)1组
棒针10mm、7mm

编织密度

10cm×10cm面积内:编织花样A、B均为14
针,12行(7mm);上针编织7.5针,10行
(10mm)

成品尺寸

宽50cm,包深36.5cm(不含提手)

编织要点

● 手指起针,起38针,按编织花样A、B编
织。
● 换为10mm棒针,接下来做上针编织。
● 换为7mm棒针,按编织花样B、A编织,编
织终点做伏针收针。
● 侧边到开口止点使用毛线缝针做挑针缝合。
● 在折回处向内侧折叠,穿入提手后,做卷
针缝缝合。
● 制作内袋,缝到包上。

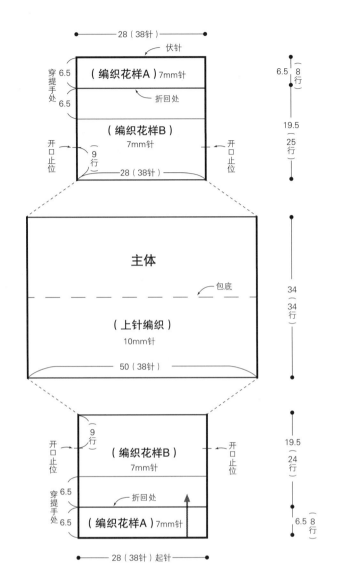

组合方法

② 在折回处向内侧折叠,
包裹着提手做卷针缝缝合固定

③ 为了固定住提手,将穿提手处
空余处做卷针缝缝合

④ 做卷针缝缝合固定内袋

① 挑针缝合

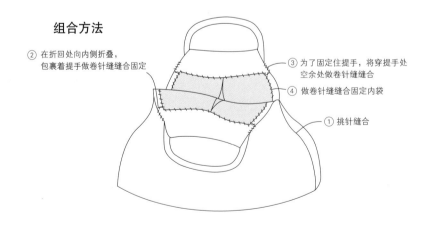

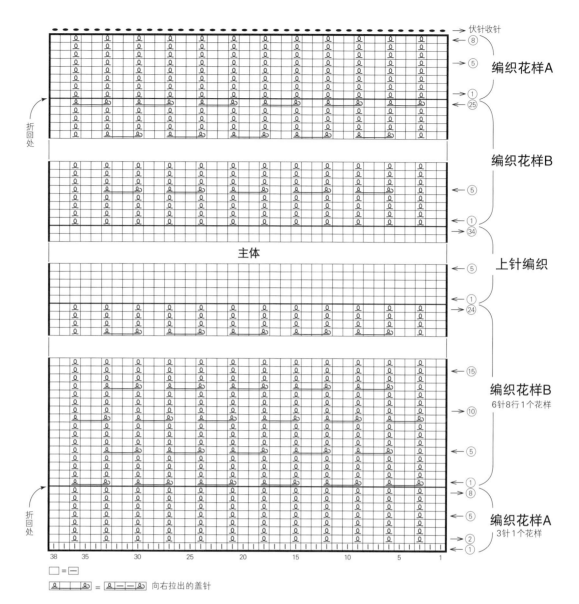

伏针收针

⑧ 编织花样A

⑤

①

㉕

编织花样B

⑤

①

㉞

主体

上针编织

⑤

①

㉔

编织花样B

⑮

6针8行1个花样

⑩

⑤

①

⑧

⑤ 编织花样A

② 3针1个花样

①

折回处

38　　35　　　　30　　　　25　　　　20　　　　15　　　　10　　　　5　　　　1

□ = —

⚭ — — ⚭ = ⚭ — — ⚭ 向右拉出的盖针

内袋的组合方法

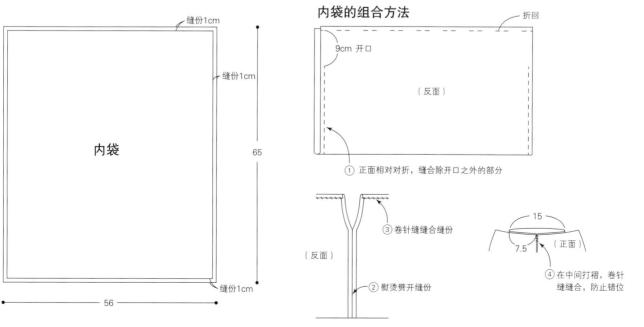

缝份1cm

缝份1cm

内袋

65

缝份1cm

56

折回

9cm 开口

（反面）

① 正面相对对折，缝合除开口之外的部分

③ 卷针缝缝合缝份

（反面）

② 熨烫劈开缝份

15

7.5

（正面）

④ 在中间打褶，卷针缝缝合，防止错位

L

A字形长裙

p.21

材料和工具

DARUMA Merino Style 中粗 蓝色(14)330g

棒针7号、5号，钩针6/0号

编织密度

10cm×10cm面积内：上针编织20针，28行
(7号)；编织花样31针，28行(5号)

成品尺寸

臀围73cm，裙长65.5cm

编织要点

- 手指起针，起228针，环形编织起伏针、上针编织。
- 换为5号针，环形编织编织花样。在第48行减针，编织终点做伏针收针。
- 编织细绳，穿入腰部花样的针目中。

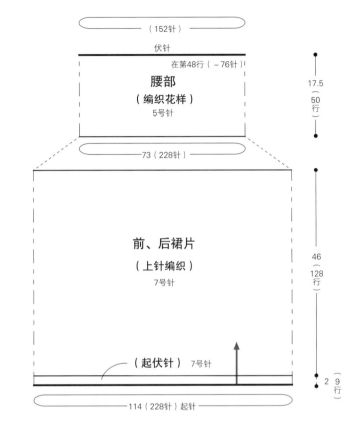

(152针)

伏针

在第48行 (−76针)

腰部
（编织花样）
5号针

17.5
（50行）

73 (228针)

前、后裙片

（上针编织）
7号针

46
（128行）

（起伏针） 7号针

2（9行）

114 (228针) 起针

起伏针

```
                    9


                    5


                    1
```

□ = ⊟

细绳

（双重锁针） 6/0号针

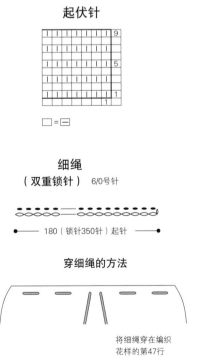

180 (锁针350针) 起针

穿细绳的方法

将细绳穿在编织花样的第47行

编织花样

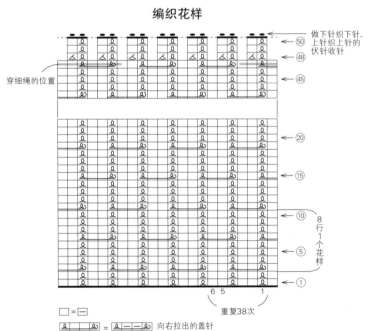

做下针织下针、上针织上针的伏针收针 ←50

←48

穿细绳的位置 ←45

←20

←15

←⑩

8行1个花样

←⑤

←①

6 5 1

重复38次

□ = ⊟

𝖸 ⃠ 𝖸 = 𝖸 — — 𝖸 向右拉出的盖针

M
半指手套
p.24

材料和工具

和麻纳卡Sonomono Alpaca Lily 米色（112）
40g
棒针8号、6号

编织密度

10cm×10cm面积内：编织花样18针，31.5
行；下针编织22针，31.5行

成品尺寸

掌围20cm，长17cm

编织要点

● 手指起针，起40针，环形编织20行双罗纹
针。

● 接下来参照图示组合编织27行编织花样和
下针编织。在第28行的指定位置做伏针
收针，留出拇指洞。在下一行做卷针加针，
继续编织。编织4行双罗纹针，做下针织
下针、上针织上针的伏针收针。

● 将编织起点的双罗纹针向内侧折后缝合固
定。

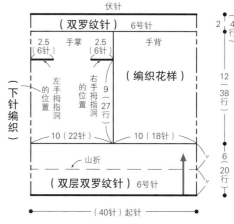

※除指定以外均用8号针编织

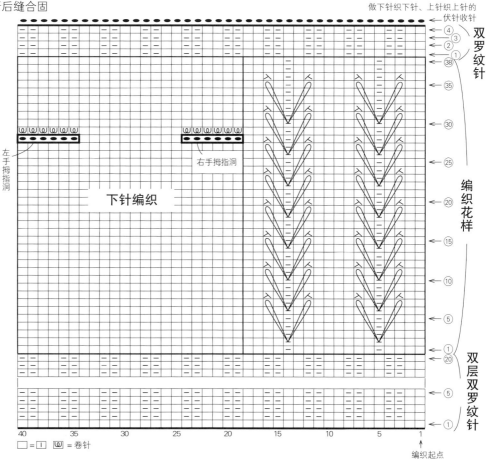

□＝|﹣| ⑩＝卷针

编织起点

N

编织帽

p.25

材料和工具

DARUMA Geek蓝色＋铬黄色（2）65g

棒针12号、10号

编织密度

10cm×10cm面积内：编织花样13.5针，23.5
行

成品尺寸

头围47cm，帽深19cm

编织要点

● 手指起针，起64针，环形编织24行双罗纹
针。

● 翻转织片，看着双罗纹针的反面，在第1行
减1针后按编织花样编织。从第37行开始
做分散减针，将线穿入剩下的14针中，收
紧。

● 制作小绒球，缝合固定。

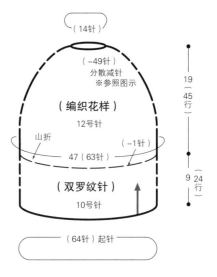

（14针）

（-49针）
分散减针
※参照图示

（编织花样）
12号针

山折　　　　　　　　（-1针）
47（63针）

（双罗纹针）
10号针

19
（45
行）

9
（24
行）

（64针）起针

双罗纹针

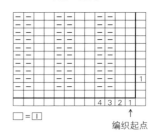

□ = ① 　　　　　　　 4 3 2 1

↑
编织起点

组合方法

缝合固定

8

小绒球的制作方法

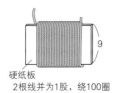

9

硬纸板
2根线并为1股，绕100圈

将中间系紧，
将两端剪断后
修剪好形状

编织花样和分散减针

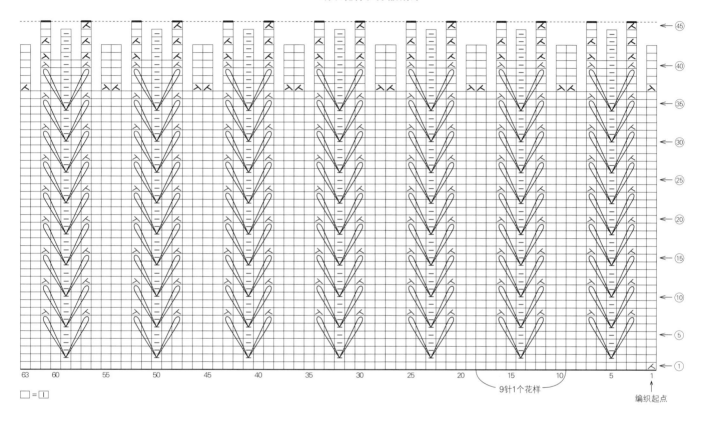

63   60   55   50   45   40   35   30   25   20   15   10   5   1

← ㊺
← ㊵
← ㉟
← ㉚
← ㉕
← ⑳
← ⑮
← ⑩
← ⑤
← ①

9针1个花样

↑
编织起点

□ = □

O

宽围脖

p.26

材料和工具

芭贝Alpaca Colca亮灰色（9294）95g

棒针12号，钩针9/0号

编织密度

10cm×10cm面积内：编织花样17针，17行

成品尺寸

颈围64cm，宽28cm

编织要点

● 另线锁针起针，起48针，编织花样无加、
减针，编织109行。

● 拆开另线锁针起针，正面相对对齐，使用
9/0号针做引拔接合。

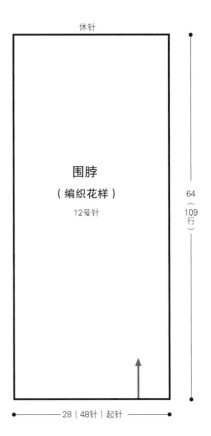

休针

围脖
（编织花样）
12号针

64
（109
行）

28（48针）起针

编织花样

● = ｜ ○ ○　在反面的行编织上针、挂针、挂针。
在下一行，将挂针从针上退下，将刚
刚编织的针目拉长，变成较长的1针

= 　将针目1~3的3针穿入针目4~6的3针中的交叉

6 5 4 3 2 1　　6 5 4 3 2 1

= 　将针目4~6的3针穿入针目1~3的3针中的交叉

6 5 4 3 2 1　　6 5 4 3 2 1

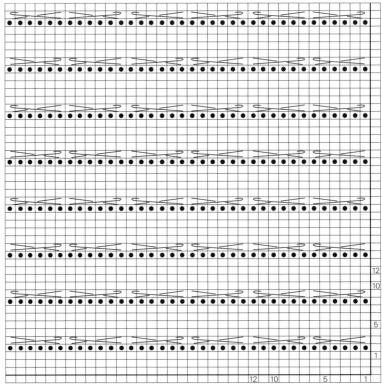

□ = ｜

S
头巾
p.36

材料和工具

和麻纳卡 Aran Tweed 粉色＋灰色（17）20g、
粉色系（5）10g
棒针8号

编织密度

10cm×10cm面积内：条纹花样23针，18行

成品尺寸

头围50cm，宽9.5cm

编织要点

● 手指起针，起115针，编织起伏针。
● 接下来编织条纹花样，最后的2行编织起
  伏针。编织终点在编织上针的同时做伏针
  收针。
● 对齐织片的两侧边，做卷针缝缝合，连接
  成环形。

※全部使用8号针编织

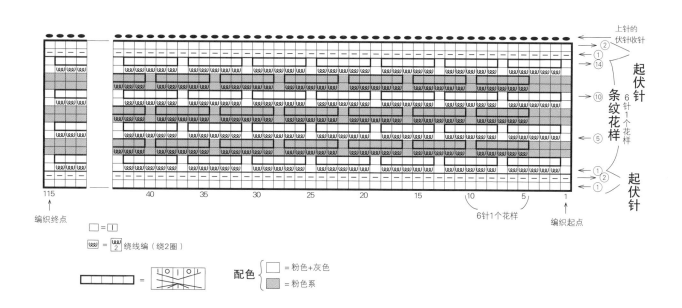

□ = [下针]

绕线编〔绕2圈〕

= 配色 { □ = 粉色＋灰色
         ▨ = 粉色系 }

P

毛毯

p.27

材料和工具

芭贝Alpaca Mollis浅茶色(904)300g

棒针10号

编织密度

10cm×10cm面积内：编织花样15针，17行

成品尺寸

宽53cm，长104cm

编织要点

● 手指起针，起148针，编织10行双罗纹针。

● 接下来，减2针后，编织74行编织花样。

● 接下来，加2针后，编织双罗纹针，编织终点做伏针收针。

● 从行的两端挑取针目，分别编织10行双罗纹针，编织终点做伏针收针。

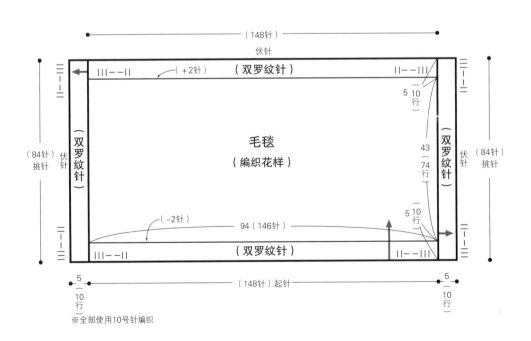

※全部使用10号针编织

双罗纹针

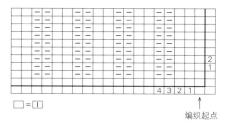

□ = □

编织起点

编织花样

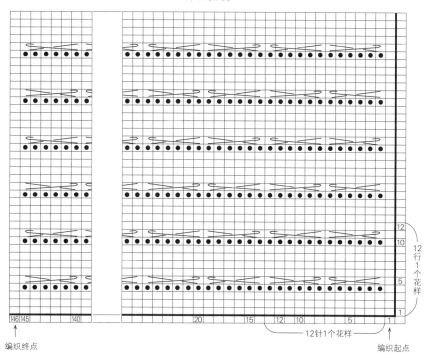

编织终点

编织起点

12针1个花样

12行1个花样

□ = □

● = ⌐I○○⌐ 在反面的行编织上针、挂针、挂针。在下一行，
将挂针从针上退下，将刚刚编织的针目拉长，变
成较长的1针

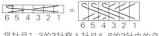

将针目1~3的3针穿入针目4~6的3针中的交叉

将针目4~6的3针穿入针目1~3的3针中的交叉

Q
三角形披肩
p.32

材料和工具

内藤商事 Elsa 橙色系段染（7410）170g
棒针10号

花片A的尺寸

5cm×5cm

成品尺寸

长106cm，宽53cm（不含流苏）

编织要点

● 手指起针，从块①开始编织，按照数字的
  顺序编织。
● 第15排，编织连接的同时要将花片编织成
  三角形。
● 制作3个流苏，缝到指定的位置。

流苏　3个

① 在宽10cm的硬纸板上绕线40圈
② 使用线头将顶部系拢、打结后备用
③ 取出硬纸板，在上端2cm处系紧
④ 将下端剪齐

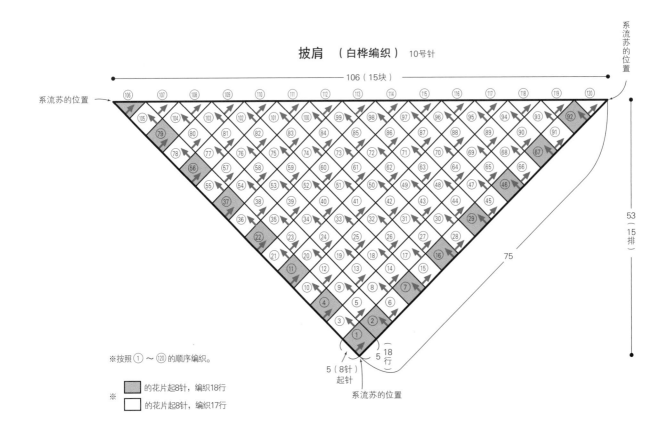

披肩　（白桦编织）　10号针

※按照①～⑫⑳的顺序编织。

※　▨ 的花片起8针，编织18行
　　□ 的花片起8针，编织17行

白桦编织

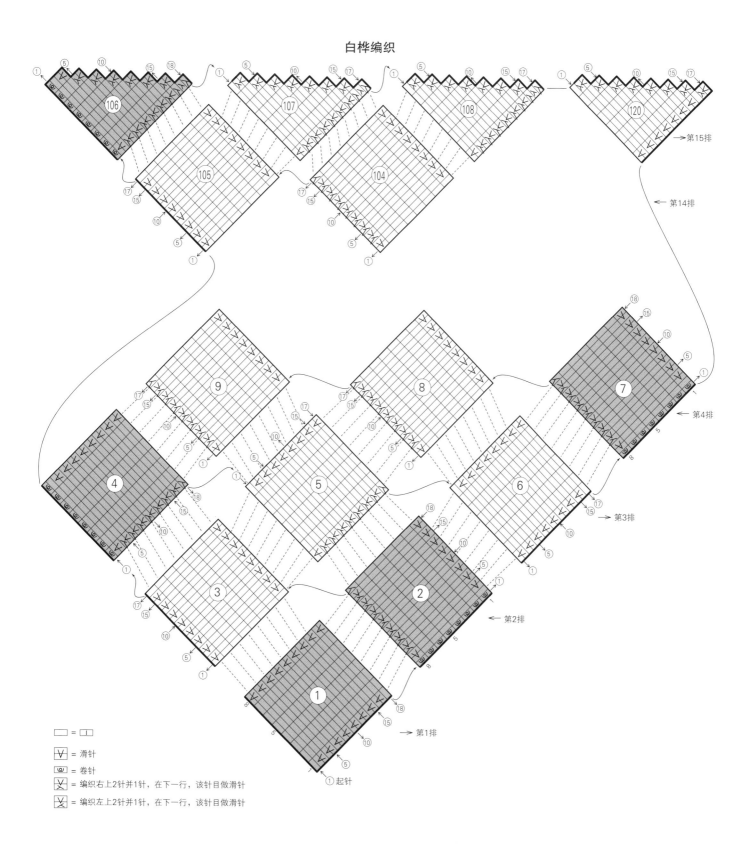

□ = □

Ⅴ = 滑针

Ⅴ = 卷针

Ⅴ = 编织右上2针并1针，在下一行，该针目做滑针

Ⅴ = 编织左上2针并1针，在下一行，该针目做滑针

R

盖毯

p.33

材料和工具

芭贝 Queen Anny 灰色（833）82g、红色
（897）82g、白色（880）50g
棒针8号

编织密度

花片的尺寸：15cm×15cm

成品尺寸

宽60cm，长45cm

编织要点

● 使用红色线"一边编织一边起针"（参见
 p.30），从花片①开始编织。

● 注意配色，参照图示将12片花片连接在一
 起。

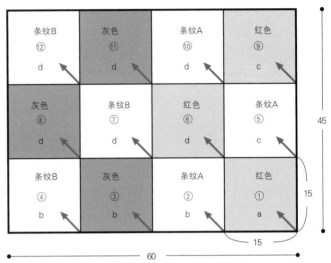

盖毯（多米诺编织） 8号针

※ 花片内的①~⑫为编织的顺序

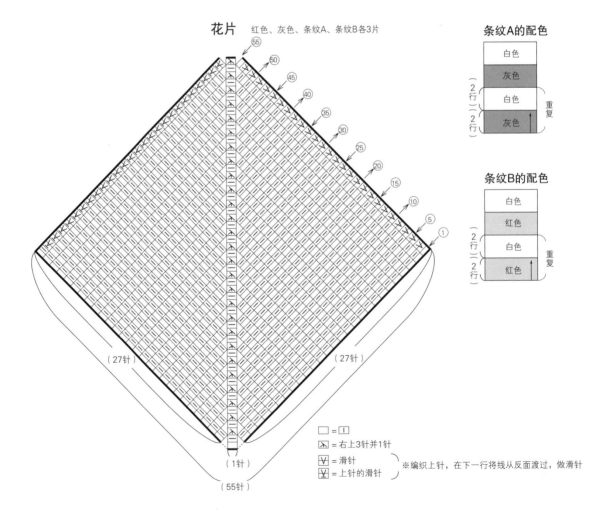

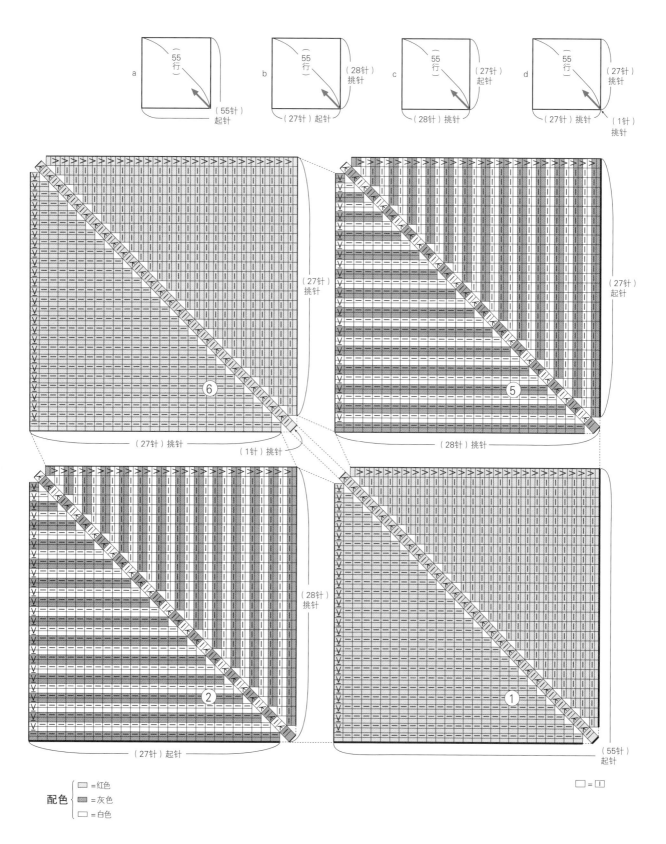

a （55行）

（55针）起针

b （55行） （28针）挑针

（27针）起针

c （55行） （27针）起针

（28针）挑针

d （55行） （27针）挑针

（27针）挑针 （1针）挑针

⑥ （27针）挑针

（27针）挑针 （1针）挑针

⑤ （27针）起针

（28针）挑针

② （28针）挑针

（27针）起针

① （55针）起针

（28针）挑针

配色 {
□=红色
▨=灰色
□=白色
}

□=□

T
小包
p.37

材料和工具

和麻纳卡Exceed Wool L（中粗）黄绿色
（345）30g、橙红色（343）15g
棒针8号，钩针6/0号

编织密度

10cm×10cm面积内：条纹花样24针，18行

成品尺寸

宽18cm，包深13cm

编织要点

- 从包底的中间开始手指起针，起43针，从后片开始编织。包底编织4行起伏针。
- 接下来编织条纹花样，条纹花样终点的2行做上针编织。编织终点做伏针收针。
- 前片从起针上挑取针目，与后片使用同样的方法编织。
- 侧面使用毛线缝针做挑针缝合。在后片包口的中间部位，用钩针钩织纽襻。
- 钩织纽扣，缝到前片的包口上。

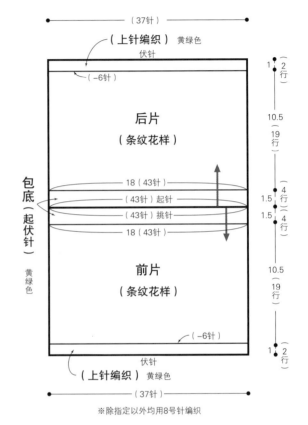

（37针）

（上针编织）黄绿色
伏针

（−6针）

后片
（条纹花样）

1｜（2行）

10.5（19行）

包底（起伏针）黄绿色

18（43针）

（43针）起针

（43针）挑针

18（43针）

1.5（4行）

1.5（4行）

前片
（条纹花样）

10.5（19行）

（−6针）

伏针

（上针编织）黄绿色

1｜（2行）

（37针）

※除指定以外均用8号针编织

组合方法

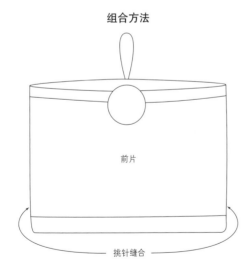

前片

挑针缝合

纽扣

6/0号针 黄绿色
直径3.5cm

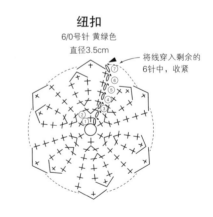

将线穿入剩余的
6针中，收紧

纽襻

6/0号针　黄绿色

锁针（22针）

▷ = 加线
► = 剪线

配色 { □ =黄绿色　■ =橙红色 }

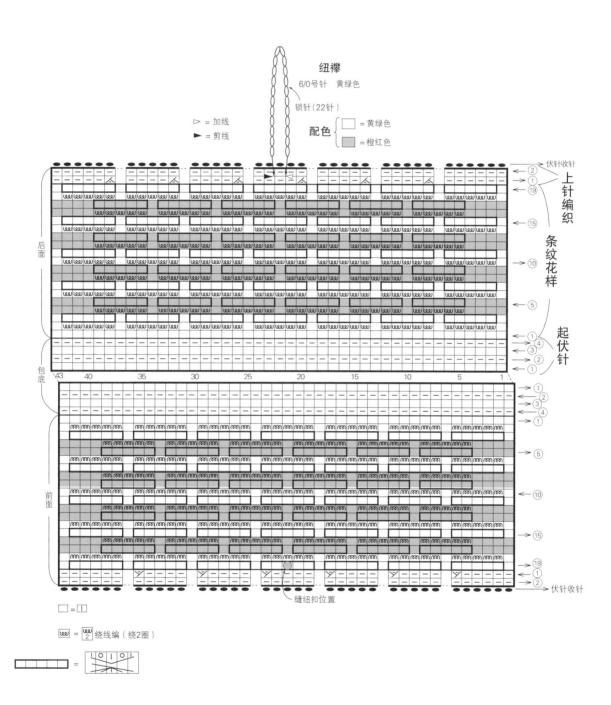

伏针收针

上针编织

条纹花样

起伏针

后面

包底

前面

缝纽扣位置

伏针收针

□ = □

⦙⦙ = 绕线编（绕2圈）

U
带纽扣的围巾
p.40

材料和工具
和麻纳卡Sonomono Alpaca Wool(中粗)米色
(62)150g，同色系纽扣　1颗
棒针6号

编织密度
10cm×10cm面积内：编织花样15.5针，27.5行

成品尺寸
宽24cm，长109cm

编织要点
- 手指起针，起39针，编织7行起伏针。接下来在两端各编织3针起伏针，中间按编织花样编织。编织花样参照符号图，编织的同时有针目的加、减针时，请注意。
- 编织终点，在编织7行起伏针的同时在指定的位置开扣眼。从反面在编织下针的同时做伏针收针。
- 在指定的位置缝上纽扣即完成。

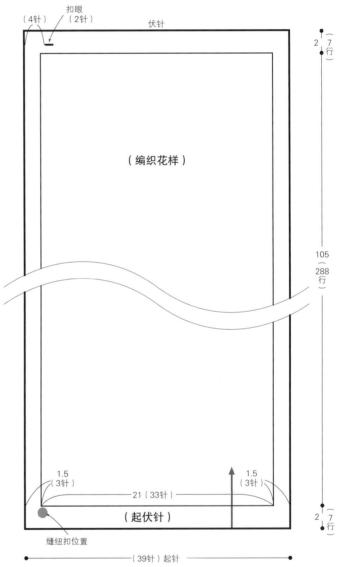

（4针）　扣眼
　　　　（2针）　　　　　伏针

（编织花样）

2（7行）

105（288行）

1.5（3针）　　21（33针）　　1.5（3针）

（起伏针）

缝纽扣位置

2（7行）

（39针）起针

※全部使用6号针编织

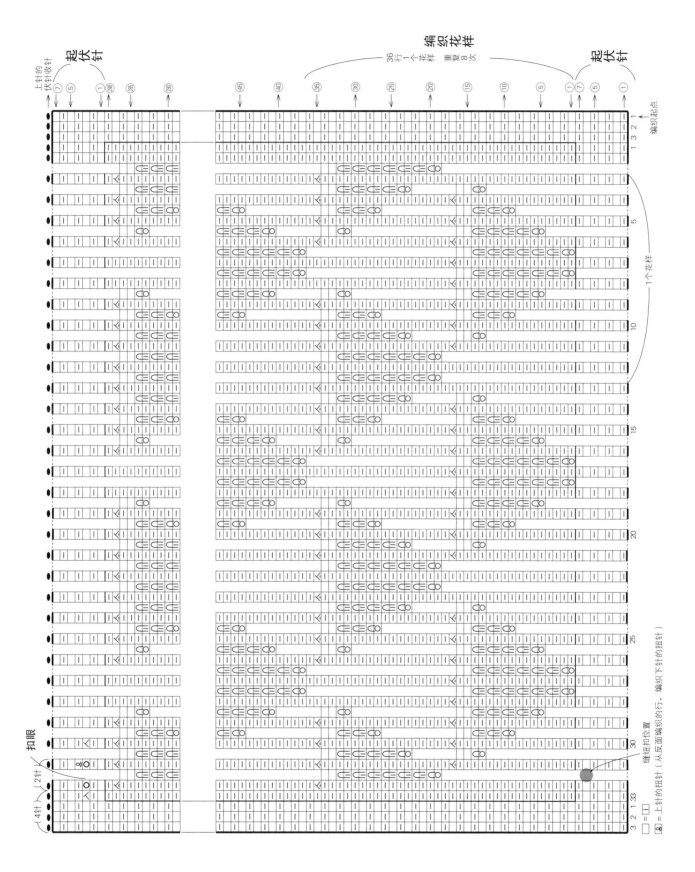

起伏针

编织花样

36行1个花样 重复8次

起伏针

扣眼

上针的伏针收针

编织起点

缝纽扣位置

1个花样

4针 2针

编织起点

□ = 上针
凰 = 上针的扭针（从反面编织的行，编织下针的扭针）

V

保暖靴套

p.41

材料和工具

芭贝Princess Anny灰色(518)60g、浅蓝色
(534)20g

棒针5号，钩针5/0号

编织密度

10cm×10cm面积内：配色花样49针，44行

成品尺寸

参见图示

编织要点

- 手指起针，起98针，参照图示编织33行配色花样。起针的行将会成为从反面编织的行。在编织配色花样的同时拉紧渡线，注意要拉得紧一些。

- 在第33行均匀地减针，环形编织双罗纹针。接下来编织2行边缘编织，最后一行用钩针做2针并1针的收针。

- 2片织片的编织方法相同，注意在编织配色花样的配色时，要将第1片的灰色与浅蓝色交换位置，编织出对称的织片。

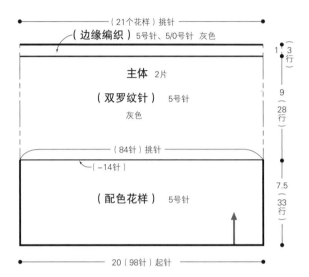

完成图

约30cm

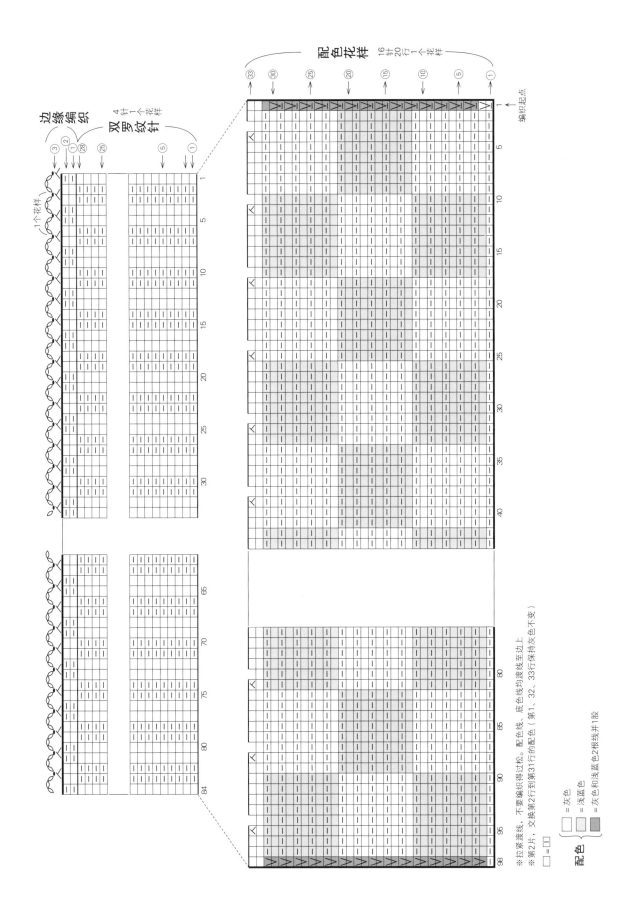

配色花样
16针20行1个花样

配色线

边缘编织

双罗纹针
4针1个花样

※拉紧渡线，不要编织得过松。配色线、底色线均渡线至边上。
※第2片，交换第31行到第2行配色（第1、32、33行保持灰色不变）

□=□

配色 { □ =灰色
       ▨ =浅蓝色
       ▩ =灰色和浅蓝色2根线并1股 }

W

双色毛毯

p.46

材料和工具

DARUMA Shetland Wool原白色（1）230g、
红色（10）260g

棒针8号、6号

编织密度

10cm×10cm面积内：配色花样A、B均为
20.5针（41针），29行

成品尺寸

宽94cm，长67cm

编织要点

- 使用红色线做另线锁针的单罗纹针起针。
  然后换为6号针编织第2行，织片做成双
  层。从第2行开始到第194行为止，每行
  386针，编织红色与原白色的配色花样。
- 第195行和第196行，用原白色线做滑针，
  仅编织红色线。
- 使用红色线做单罗纹针收针。

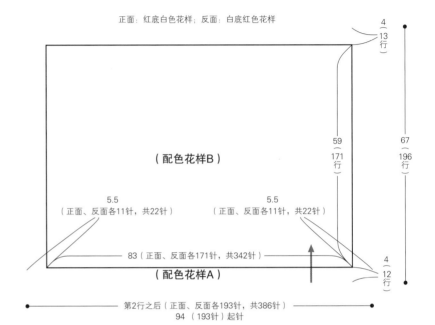

正面：红底白色花样；反面：白底红色花样

4
（13行）

67
（196行）

59
（171行）

（配色花样B）

5.5
（正面、反面各11针，共22针）

5.5
（正面、反面各11针，共22针）

83（正面、反面各171针，共342针）

（配色花样A）

4
（12行）

第2行之后（正面、反面各193针，共386针）
94（193针）起针

※ 起针使用8号针，第2行之后使用6号针编织

※ 编织奇数行时看着正面编织，编织偶数行时看着反面编织

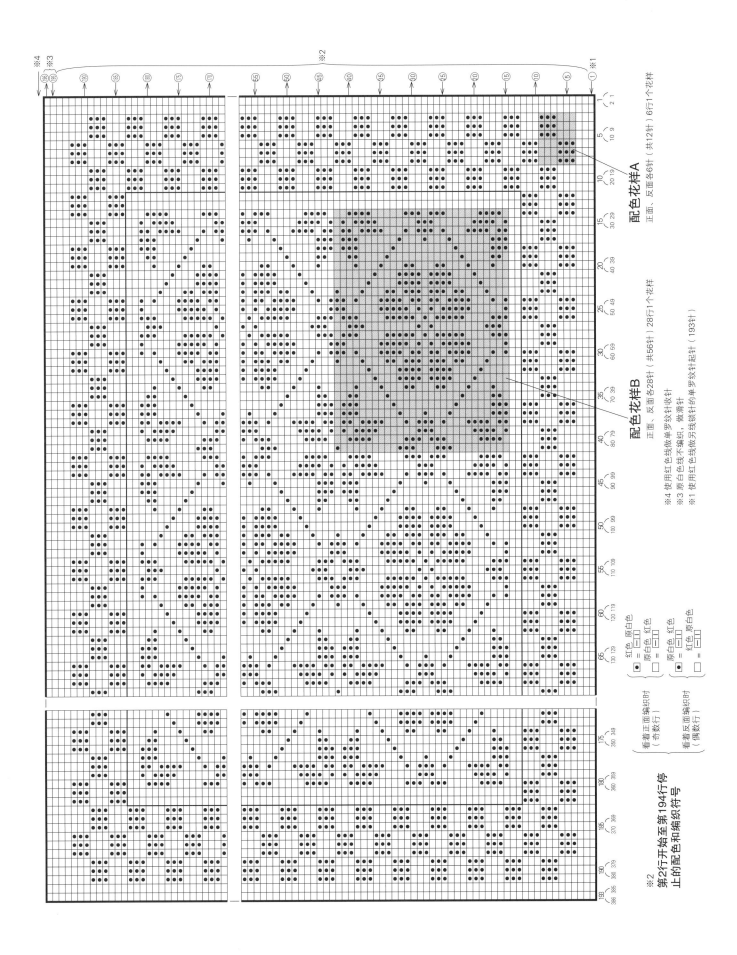

配色花样A
正面、反面各6针（共12针）6行1个花样

配色花样B
正面、反面各28针（共56针）28行1个花样

※4 使用红色线做单罗纹针收针
※3 原白色线不编织，做滑针
※1 使用红色线做另线锁针的单罗纹针起针（193针）

红色　原白色
■=□红色
□=□原白色

原白色　红色
■=□红色
□=□原白色

看着正面编织时
（奇数行）

看着反面编织时
（偶数行）

※2
第2行开始至第194行停
止的配色和编织符号

87

Basic Technique Guide

棒针编织、钩针编织基础技法

棒针编织

起针

手指起针

最常用的起针方法。具有伸缩性，整体很薄，可以直接当作边缘使用。

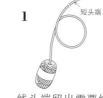

1 线头端留出需要编织的宽度的3倍长的线头。

2 制作环形，用左手拇指和食指捏压住交叉点。

3 从环中将线头端拉出。

4 使用拉出后的线，制作1个小线环。

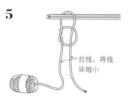

5 将2根棒针插入小线环中，拉两端的线，将线环缩小。

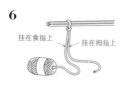

6 1针完成。将短线挂在拇指上，长线挂在食指上。

7 针头按照1、2、3箭头的顺序绕动，在棒针上挂线。

8 按照1、2、3的顺序挂线后的状态。

9 抽出拇指，再按照箭头的方向重新插入拇指。

10 重新插入拇指并拉紧后的状态。第2针完成。

11 完成了所需数量的针目，拔出1根棒针。

另线锁针起针

希望之后向另一个方向继续编织时，使用钩针起针的方法。由于编织完成后会将起针拆开再挑取针目，因此建议使用夏季用线等不易残留纤维、比较顺滑的线。

● 钩织另线锁针

1 钩针放在线的后面，按照箭头的方向绕圈。

2 用手指捏住交叉的位置，在钩织上挂线。
用拇指和中指捏住

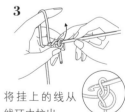

3 将挂上的线从线环中拉出。

4 往下拉使线环收紧。

5 重复在钩针上挂线、拉出。
※由于之后要拆除，可多钩织几针备用

6 最后再一次挂线后引拔，将线剪断后拉出。

● **挑取另线锁针的里山** ※使用实际编织的线挑线

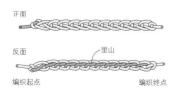

正面
反面　　里山
编织起点　　　　编织终点

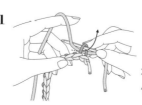

1 将棒针插入编织终点的里山中，使用实际编织的线挑线。

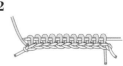

2 挑取所需数量的针目。

基本针法

□ I 下针	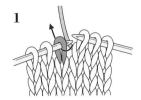 **1**	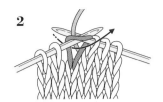 **2**	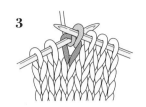 **3**	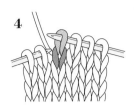 **4**
	将线留在织片后面，右棒针从前面插入。	挂线，按照箭头方向拉出至织片前面。	从左棒针上退下针目。	下针编织完成。

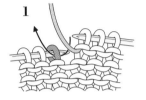

□ — 上针	**1**	 **2**	 **3**	 **4**
	线留在织片前面，按照箭头方向将右棒针从后面插入。	由前向后挂线，按照箭头方向拉出。	用右棒针将线拉出后，将针目从左棒针上退下。	上针编织完成。

□ ○ 挂针	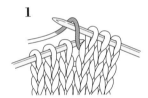 **1**	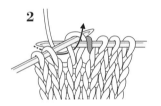 **2**	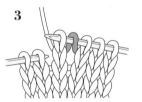 **3**	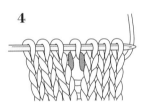 **4**
	在右棒针上由前向后挂线。	编织下一针。	挂针完成。增加了1针。	编织完下一行后，从正面看到的样子。

□ Q 扭针	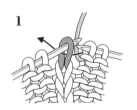 **1**	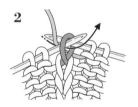 **2**	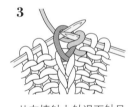 **3**	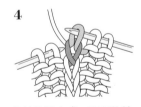 **4**
	按照箭头方向，将右棒针从后面插入。	挂线，按照箭头方向将线拉出至前面。	从左棒针上针退下针目。	扭针编织完成。下面的针目被扭了一下。

□ Q 上针的扭针	 **1**	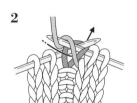 **2**	 **3**	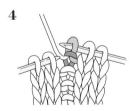 **4**
	将线留在织片前面，按照箭头方向，将右棒针从后面插入。	挂线，按照箭头方向将线拉出至后面。	从左棒针上针退下针目。	上针的扭针编织完成。下面的针目被扭了一下。

⬤	1	2	3	4

伏针收针
（下针的情况）

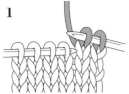

编织2针下针。

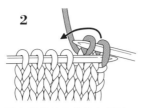

用右侧的针目盖住左侧的针目。

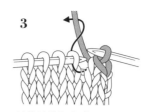

1针伏针编织完成。下一针也编织下针，与步骤**2**使用同样的方法盖住。

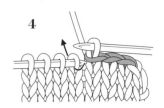

重复"编织1针下针，盖住"，做伏针收针。

**右上2针
并1针**

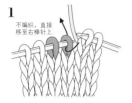

1

不编织，直接移至右棒针上

右侧的针目不编织，直接移至右棒针上。

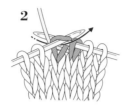

2

左侧的针目编织下针。

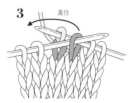

3

盖住

将右侧移过来的针目盖住编织的针目。

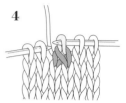

4

右上2针并1针编织完成。

**左上2针
并1针**

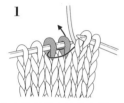

1

将右棒针从2针的左侧一次性插入。

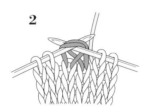

2

插入针后的样子。

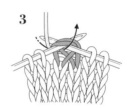

3

2针一起编织下针。

4

左上2针并1针编织完成。

**上针的右
上2针并
1针**

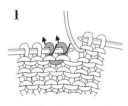

1

2针均不编织，一针一针地移至右棒针上。

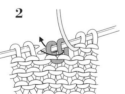

2

将左棒针从2针的右侧插入，移回针目。

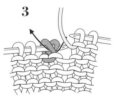

3

按照箭头的方向，插入右棒针。

4

2针一起编织上针。

5

上针的右上2针并1针编织完成。

**扭针的右
上2针并
1针**

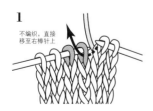

1

不编织，直接移至右棒针上

将右棒针从右侧针目的后面插入，不编织，直接移至右棒针上。

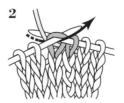

2

将左棒针插入左侧的针目中，挂线后拉出，编织下针。

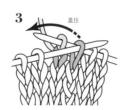

3

盖住

将左棒针插入移至右棒针上的针目中，盖住。

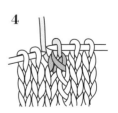

4

扭针的右上2针并1针编织完成。

右上3针并1针

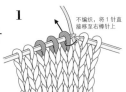
1
不编织,将1针直接移至右棒针上

右侧的针目不编织,直接移至右棒针上。

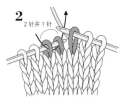
2
2针并1针

将右棒针从左侧插入接下来的2针中。

3

2针一起编织下针。

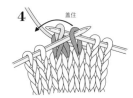
4
盖住

使用移至右棒针上的针目盖住编织的针目。

5

右上3针并1针编织完成。

中上3针并1针

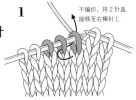
1
不编织,将2针直接移至右棒针上

按照箭头方向,将右棒针插入右侧的2针中,不编织,直接移至右棒针上。

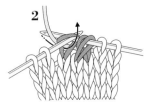
2

接下来的针目编织下针。

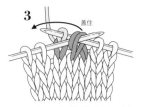
3
盖住

使用移至右棒针上的2针盖住编织的针目。

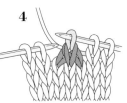
4

中上3针并1针编织完成。

滑针
(1行的情况)

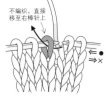
1
不编织,直接移至右棒针上

在•行,将线留在织片后面,按照箭头方向入针,不编织,直接移至右棒针上。

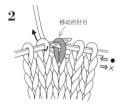
2
移动的针目

移动的针目将成为滑针。随后,编织接下来的针目。

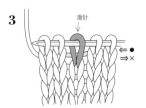
3
滑针

滑针部分的渡线将出现在织片后面。

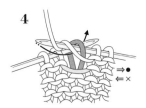
4

下一行,滑针按照符号图编织。

浮针
(1行的情况)

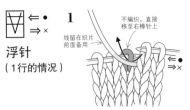
1
不编织,直接移至右棒针上
线留在织片前面备用

在•行,将线留在织片前面,按照箭头方向入针,不编织,直接移至右棒针上。

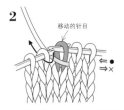
2
移动的针目

移动的针目将成为浮针。随后,编织接下来的针目。

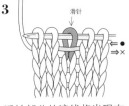
3
滑针

浮针部分的渡线将出现在织片前。

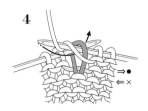
4

下一行,浮针按照符号图编织。

上针的滑针
(1行的情况)

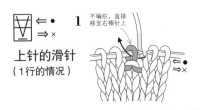
1
不编织,直接移至右棒针上

×行的针目是上针时,在•行,将线留在织片后,按照箭头方向入针,不编织,直接移至右棒针上。

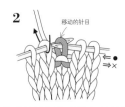
2
移动的针目

移动的针目将成为上针的滑针。随后,编织接下来的针目。

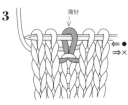
3
滑针

滑针部分的渡线将出现在织片后。

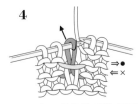
4

下一行,滑针按照符号图编织。

卷针加针
（2针以上的卷针加针）

这是在织片的边上，通过卷绕线的方式进行加针的方法。由于2针以上的加针是要在编织终点加针，所以左右两边会错开一行，加1针时会在同一行进行。

〈在边上做3针卷针加针的情况〉

右侧

1 参照图示，将针插入挂在食指上的线圈中后退出食指。

2 重复步骤**1**，3针卷针加针完成。

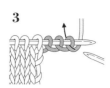

3 下一行，将右棒针按照箭头方向插入边上的针目中。

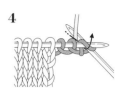

4 编织下针。接下来的针目也编织下针（当加针是连续在多行进行时，边上的针目做滑针）。

左侧

1 参照图示，将针插入挂在食指上的线圈中后退出食指。

2 重复步骤**1**，3针卷针加针完成。

3 下一行，将右棒针按照箭头方向插入边上的针目中。

4 编织上针。接下来的针目也编织上针（当加针是连续在多行进行时，边上的针目做滑针）。

英式罗纹针（双面拉针）

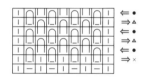

1 从•1的行开始操作。编织边上的下针，上针不编织，直接移至右棒针上（不改变针目的朝向），挂线。

2 下一针编织下针。

3 重复"上针不编织，直接移至右棒针上，挂线，编织下针"。

4 △2的行，边上的针目编织上针，下一针与前一行的挂线一起编织下针。

收针方法

单罗纹针收针（两端均为1针下针的情况）

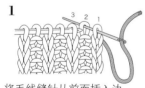

1 将毛线缝针从前面插入边上的2针中。

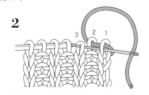

2 从针目1的前面入针、针目3的前面出针（下针和下针）。

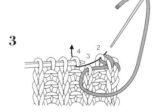

3 从针目2的后面入针、针目4的后面出针（上针和上针）。

※编织终点的收针方法，见p.45的步骤**35~38**。

伏针收针（上针的情况）

注意伏针收针而成的针目要与织片的针目大小相同。

1 编织2针上针。

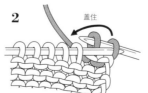

盖住

2 用左棒针挑起右侧的针目，盖住左侧的针目。

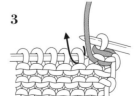

3 1针上针的伏针收针完成。接下来重复"编织1针上针、盖住"。

接合、缝合

挑针缝合（下针编织）

1
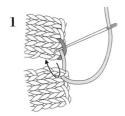
较近织片、较远织片均挑取起针的线。

2
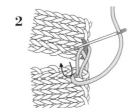
交替挑取每一行边上1针内侧的下半针，拉线。

3
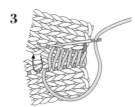
重复"挑取下半针、拉紧缝合线"。将缝合线拉紧至看不见为止。

引拔接合1（使用钩针）

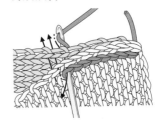
将织片正面相对，使用钩针钩织引拔针的同时将2片织片接合在一起。

卷针缝

将2片织片的正面之间对齐，将毛线缝针穿入编织针目锁针的2根线中。

1

引拔接合2（使用钩针）

1

将2片织片正面相对对齐，用左手拿着织片，将钩针插入2片织片的针目中。

2
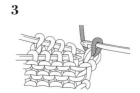
挂线，2针一起引拔。

3
引拔后的样子。

2
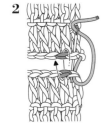
依次将毛线缝针一针一针地穿入两边的织片中。

3
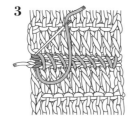
重复步骤**2**，在缝合终点，在同一处再穿入一次针。

4
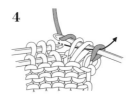
将钩针插入接下来的针目中，挂线，这次从3针中一起引拔出。

5
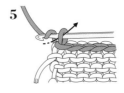
重复步骤**4**，引拔最后的线圈。

6
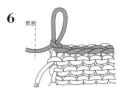
将线剪断，拉出。

钩针编织

起针

 将线头做成环的环形起针

1

将线头在左手的食指上绕2圈。

2
左手拇指和中指捏住绕出的线环，不要让线环散掉，将针插入线环，将线拉出。

3

再一次挂线后引拔。

4

起针的线环完成（这一针不算在针数中）。

5

钩织1针立起的锁针。

6

将针插入起针的线环中，将线拉出。

7

在针头上挂线后引拔，钩织短针。

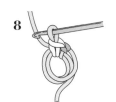

8

1针短针钩织完
成。接下来按照
同样的方法钩织。

9

第1行的6针短针钩织
完成后，收紧中心的环。
稍微拉一下线头，环形
的2根线中，离线头较
近的1根线会动。

10

将能动的线按照
箭头方向拉，离线
头较远的环将缩
小（拉住的环将留
下来）。

11

拉线头，离线头较
近的环将收紧。

12

在第1行的编织终
点，将针插入第1
针短针头部的2根
线中，挂线后引拔。

13

第1行钩织完成。

基本针法

⬭ 锁针

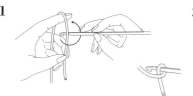

1

将针放在线的后面，按照箭头方
向绕一圈，将线绕上去。

2

用左手的拇指和中指捏住线的交叉
点，按照箭头方向转动钩针，针上挂线。

3

从挂在针上的线圈中将
线拉出。

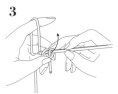

4

拉线头，使其收
紧（这一针不算
在起针的针数
中）。按照箭头方
向在针上挂线。

5

从挂在针上
的线圈中将
线拉出。

6

之后，重复"在
针上挂线，从挂
在针上的线圈
中将线拉出"。

7

钩织了3针之后
的状态。钩织出
所需数量的针目
（数至钩织的下
面）。

● 引拔针

1

线留在针的后面，
将针插入前一行
针目头部的2根
线中。

2

挂线后，按照箭
头的方向引拔。

3

1针引拔针钩织完
成。第2针也在前
一行针目头部的2
根线入针，挂线后
引拔。

本书的符号　JIS符号

十 （✕）短针

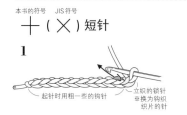

1

按照箭头方向，将针插入锁针的里山中。

挑取里山

2

从针的后面向前面挂线，按
照箭头方向拉出。

3

再一次在针上挂线，从
挂在针上的2个线圈中
一次性引拔出。

4

1针短针钩织完成。

〵 1针放2针短针

1

挑取前一行针目头
部的2根线，钩织1
针短针，在同一针
目上，再钩织1针短
针。

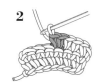

2

1针放2针短针完
成。图中为加出1
针的状态。

⌃ 2针短针并1针

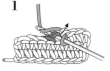

1

将针插入前一行
针目头部的2根
线中，在针上挂
线，按照箭头方
向拉出。

2

下一针也用同样
的方法入针，将
线拉出。

3

未完成的
2针短针

这是编织出了2针未
完成的短针的状态，
在针尖上挂线，从挂
在针上的3个线圈中
一次性引拔出。

4

2针变成了1针，
2针短针并1针钩
织完成。图中为
减掉了1针的状
态。

WONDER KNIT（NV70504）

Copyright ⓒNIHON VOGUE-SHA 2018 All rights reserved.

Photographers：YUKARI SHIRAI

Original Japanese edition published in Japan by NIHON VOGUE Corp.

Simplified Chinese translation rights arranged with BEIJING BAOKU INTERNATIONAL CULTURAL

DEVELOPMENT Co., Ltd.

备案号：豫著许可备字-2019-A-0020

图书在版编目（CIP）数据

奇妙的棒针编织/日本宝库社编著；冯莹译. —郑州：河南科学技术出版社, 2020.6（2021.3 重印）

ISBN 978-7-5349-9921-5

Ⅰ.①奇… Ⅱ.①日… ②冯… Ⅲ.①毛衣针—绒线—编织—图解 Ⅳ.①TS935.522-64

中国版本图书馆CIP数据核字（2020）第066290号

出版发行：河南科学技术出版社

　　　　　地址：郑州市郑东新区祥盛街27号　　邮编：450016

　　　　　电话：（0371）65737028　　　65788613

　　　　　网址：www.hnstp.cn

策划编辑：刘　欣

责任编辑：刘　欣

责任校对：王晓红

封面设计：张　伟

责任印制：张艳芳

印　　刷：北京盛通印刷股份有限公司

经　　销：全国新华书店

开　　本：889 mm×1194 mm　1/16　　印张：6　　字数：170千字

版　　次：2020年6月第1版　　2021年3月第2次印刷

定　　价：49.00元

如发现印、装质量问题，影响阅读，请与出版社联系并调换。